干切削刀具的分形特性
及有限元模拟技术

李 彬 著

科学出版社

北京

内 容 简 介

本书结合作者多年来从事干切削刀具分形特性及有限元模拟研究的相关成果撰写而成,系统阐述了干切削刀具分形特性的理论和方法、最新发展及应用。全书共 6 章,主要内容包括:干切削刀具的分形特性及模拟总论,干切削刀具设计与制备的最新进展,干切削刀具磨损表面分形研究,车削加工分形研究,钻削加工分形研究,铣削加工分形研究。本书着眼于最新的研究内容和动向,既有理论分析,又结合实际应用,反映了干切削刀具分形研究的最新成果。

本书可供从事切削理论和切削刀具等领域研究的技术人员参考,也可作为科研人员、高等院校教师及相关专业研究生的参考书。

图书在版编目(CIP)数据

干切削刀具的分形特性及有限元模拟技术/李彬著.—北京:科学出版社, 2018.11

ISBN 978-7-03-059414-3

Ⅰ.①干… Ⅱ.①李… Ⅲ.①金属切削-研究 Ⅳ.①TG5

中国版本图书馆 CIP 数据核字(2018)第 253808 号

责任编辑:裴 育 纪四稳 / 责任校对:郭瑞芝
责任印制:张 伟 / 封面设计:蓝 正

科 学 出 版 社 出版
北京东黄城根北街 16 号
邮政编码:100717
http://www.sciencep.com

北京建宏印刷有限公司 印刷
科学出版社发行 各地新华书店经销

*

2018 年 11 月第 一 版 开本:720×1000 B5
2024 年 1 月第三次印刷 印张:12 3/4
字数:257 000

定价:98.00 元
(如有印装质量问题,我社负责调换)

序　言

　　干切削加工技术是实现节能、降耗、环境保护和人类身心健康、清洁安全生产的"绿色制造"的关键技术,是一种先进的制造技术。目前,环境保护法规要求越来越严格,欧、美、日等工业发达国家和地区已经把切削工艺研究和开发的重点转向干切削加工,并在制造领域优先推广应用干切削加工技术。我国也在干切削和准干切削加工领域进行了相关研究和一定推广,但将相关理论运用到干切削刀具的设计与加工的研究较少,目前仍处于探索阶段。因此,将分形理论创新地应用于新型干切削刀具的设计中,对学术界和工业界是非常重要的贡献,为提高干切削刀具寿命和加工效率提供了普遍性的指导。

　　《干切削刀具的分形特性及有限元模拟技术》一书是作者李彬在多年研究成果的基础上撰写而成的。该书是国内少有的将分形理论应用到干切削刀具实践中并进行系统研究的学术专著,是作者在国家自然科学基金和省级重点项目等相关课题研究过程中,对多重分形干切削刀具进行系统研究而形成的研究成果。书中提出了多重分形自适应干切削刀具的概念,并对这种干切削刀具的设计、制备和应用作了全面介绍,为有效解决干切削刀具寿命和加工效率偏低的难题奠定了理论与技术基础,无疑具有非常重要的意义。

　　该书内容丰富、新颖先进,基础理论和技术实践相结合,展现了多重分形干切削刀具的前沿和发展趋势,并兼具学术研究专著和技术参考图书的特点,具有较好的可读性和借鉴性。我相信该书对从事切削加工研究和切削刀具开发的研发人员以及刀具制造和装备制造企业的技术人员是一本具有理论价值和实用价值的参考书,对于提高我国干切削刀具和机械加工技术水平也有重要的促进作用。

山东大学
2018 年 6 月

前　　言

在切削加工中,使用切削液对提高加工效率与加工工件表面质量具有重要作用,但切削液在制造、使用、处理和排放的各个环节均会对环境造成严重污染。探索对环境无污染、可持续发展的现代制造模式已经成为我国制造业面临的最紧迫难题。在切削加工中合理、适当地选用干切削技术不仅可以在源头上解决切削液污染问题,而且能够降低生产成本,这无疑将为众多制造企业指明方向。在实际的生产加工中,缺少切削液的润滑和冷却作用,不可避免地会使加工中产生的热量增加,导致切削温度升高、排屑不畅,极易引起刀具寿命下降及加工表面质量恶化。因此,干切削技术对刀具的要求比过去更加苛刻,要求刀具耐磨性更好,更加安全、可靠。开发性能优异、高寿命的新型干切削刀具是重要而亟待解决的难题。

分形理论作为处理复杂现象的非线性方法,使人们能以新的理念和手段来处理自然界中的许多复杂问题,通过扑朔迷离的无序混乱现象和不规则形态,揭示隐藏在复杂现象背后的规律,发现局部和整体之间的本质联系。分形理论在物理学的相变研究、材料学的结构辨识、力学的断裂与破坏、高分子链的聚合、酶的生长机理研究、自然图形的模拟和模式识别等领域取得了令人满意的成就。

本书运用分形理论的非线性优势来处理干切削刀具设计中的各种复杂情况,为干切削刀具的设计与开发提供了新的思路和方法,为提高刀具性能开拓了新的途径;深入研究干切削刀具的分形特性及相关模拟技术,在综合各种加工手段与分形特征的基础上,得到了关键的加工工艺,为提高加工效率提供了普遍性的指导。相关成果对减小刀具磨损、提高刀具寿命、降低生产成本有重要的实际意义,对丰富和发展切削刀具的设计理论具有重要的学术价值。

作者多年来一直致力于干切削刀具的设计开发及其减摩抗磨机理研究。本书是在总结这些研究成果的基础上撰写而成的,其内容主要来自作者在国内外专业期刊上发表的学术论文、授权的专利和撰写的项目研究报告等;涉及干切削刀具的设计与制备,车削、钻削与铣削加工的分形特性研究等。撰写本书的目的在于向读者介绍该领域的最新进展,并在实际生产中推广这些成果,希望对我国刀具技术的发展和应用水平的提高起到积极有益的作用。

本书的研究工作得到了国家自然科学基金项目(51105188、51475222)、河南省科技创新杰出青年项目(144100510017)、河南省科技攻关计划项目(132102210514)、河南省国际科技合作计划项目(144300510050)、河南省高等学校青年骨干教师项目(2013GGJS-186)、河南省教育厅自然科学研究重点项目

(12B460016)、洛阳理工学院博士科研基金项目(2010BZ09)、洛阳理工学院学术著作出版基金项目等的资助。衷心感谢上述基金项目多年来给予的支持。

　　感谢洛阳理工学院机械工程学院和先进设计制造技术研究所的同事与学生为本书相关研究所做的贡献,特别感谢陈智勇讲师在资料收集与整理方面所做的工作。同时,机械工程学院的刘建寿院长和赵红霞书记为相关研究也提供了大量支持,在此表示由衷的感谢。

　　由于干切削刀具的分形理论涉及范围广、内容多,加之作者水平有限,书中难免存在不妥之处,恳请广大读者提出宝贵意见和建议,以便进一步完善。

李　彬

洛阳理工学院

2018 年 5 月

目　　录

第1章 绪 论

1.1 概 述

我国工业化的不断发展,对机床制造业的要求越来越高,数控机床加工中心不断向高效率、高速度加工方向发展,加工能力得到极大提高,同时对刀具提出了更高的要求。刀具表面涂层技术是近几十年发展起来的材料表面改善技术,有效地提高了切削刀具的使用寿命,解决了刀具材料的硬度、耐磨性与强度、韧性之间的矛盾,改善了刀具的综合力学性能,提高了机械加工效率。目前已有研究表明,采用涂层刀具进行加工,不仅可以满足零件的加工质量要求,还可以实现绿色加工,涂层刀具将有十分广阔的应用前景。

随着机械制造业的高速发展,寻求新的制造模式以实现制造业的可持续发展,是当前制造业面临的一个巨大挑战。绿色制造的目标就是对资源的合理利用,降低成本,减少对环境的污染,以实现制造业的可持续发展。如何在实际生产中实现机械零件的绿色制造,是机械行业技术人员主要面对的难题。在切削加工中,使用切削液对提高加工效率与加工工件表面质量具有重要作用,但它也是造成环境污染的一个重要根源。因此,在切削加工中合理、适当地选用干切削技术,对企业经济效益和社会效益协调优化发展起到相当重要的作用。

干切削技术是在机械加工中为保护环境、降低成本而有意识地减少或完全停止使用切削液的加工方法。干切削在实质上并不是简单地停止切削液的使用,而是在停止切削液使用的同时,还要保证产品的高质量、生产的高效率、刀具的高耐用度及其切削过程的高可靠性,这就需要性能优良的机床、干切削刀具及辅助设施代替切削液,从而实现真正意义上的干切削加工。

干切削不同于以往的传统切削,它对刀具材料提出了更高的要求。干切削刀具材料必须具有极高的红硬性和热韧性,良好的耐磨性、耐冲击性和抗黏结性等性能。陶瓷刀具、聚晶金刚石刀具、涂层刀具等是目前用于干切削加工的主要刀具。陶瓷刀具不仅硬度高、耐磨性高、高温性能好,而且抗黏结性能和化学稳定性优良,摩擦系数低,但陶瓷材料脆性大、强度及韧性差,在很大程度上限制了陶瓷刀具的应用范围,尤其在干切削中的应用;聚晶金刚石刀具具有高硬度、高耐磨性、高导热性、低摩擦系数、低热膨胀系数等优异性能,主要应用于干式加工铜、铝及铝合金工件。近年来,刀具涂层技术发展迅猛,涂层工艺越来越成熟,成为提高刀具性能的重要途径,也解决了涂层与基体材料结合强度低的技术难题,目前刀具中有 40% 是涂层刀具。涂层刀具最适宜于干车削加工,涂层有类似切削液的功能,在干切削中主要起到的作用是:一方面,它能有效地改善切削过程的摩擦和黏附作用,降低切削热的生成;另一方面,它具有比刀具基体和工件材料低得多的热导率,减弱了刀具基体的热作用。刀具涂层在干切削技术中发挥着非常重要的作用。

涂层刀具因其优良的切削性能一直为人们所关注,但目前我国对涂层刀具的研究和使用与国外相比还有一定的差距,所以对涂层刀具切削性能的研究与探索具有重要的实际生产意义。

本书主要开展以下研究工作:

(1) 干切削刀具设计与制备。基于元胞自动机模型,对复合刀具材料微观结构与力学性能进行模拟及预测;基于扩展有限元,对复合陶瓷材料多重增韧机制进行研究;进行 AlZrCrN 复合双梯度涂层刀具的设计及其制备。

(2) 干切削刀具磨损表面分形研究。基于分形理论和有限元理论,对刀具磨损表面模型的建模、刀具切削加工分形与切削力特性、刀具磨损表面粗糙度的分形特性三个方面进行研究。

(3) 车削加工分形研究。将仿真模拟和切削实验相结合,分别对涂层刀具和非涂层刀具的车削加工进行分形研究,并针对切削力分形特性进行研究。

(4) 钻削加工分形研究。以 45 号钢为研究对象,将仿真模拟和钻削实验相结合,对不同钻削速度下的切屑成形、加工表面分形特征进行研究。

(5) 铣削加工分形研究。将仿真模拟和铣削实验相结合,分别对二维铣削过程和三维铣削过程进行研究。

1.2　干切削刀具的性能与特点

1.2.1　切削加工基本概念

金属切削加工是用刀具切除工件上预留的金属材料,从而使工件的形状、尺寸精度及表面质量都合乎规定要求的加工方法。由刀具切除的多余金属成为切屑而脱离工件。金属切削过程就是刀具与工件之间发生相对运动并相互作用的过程。切削运动按照其在切削过程中所起作用的不同可以分为主运动和进给运动。主运动使刀具切削刃及其毗邻的刀具表面切入工件材料,使被切削工件表面转变为切屑,从而形成新工件表面。进给运动则配合主运动依次地或连续不断地切除切屑,同时形成具有所需几何特性的已加工表面。

图 1-1 为金属切削变形区的划分。在切削过程中切削刃起切割作用,刀面起推挤作用。金属切屑的形成过程就是切削层金属的变形过程。切削层的金属变形按照扩展的切削模型可划分为三个变形区:第一变形区(剪切滑移)、第二变形区(纤维化)、第三变形区(纤维化与加工硬化)。三个变形区的交汇处即刃区的情况更为复杂:一方面是锋利切削刃的作用,造成应力集中;另一方面是刃口钝圆半径的存在,使之形成比其他区域更为强烈的挤压和摩擦,从而使该区金属剧烈变形或断裂而与工件母体分离。

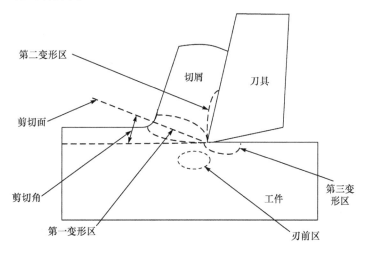

图 1-1 金属切削变形区的划分

加工普通塑性金属时,剪切变形的大小可以用剪切角来衡量。剪切角越小,则剪切变形越大。图 1-2 为切屑类型划分,由于工件材料和切削条件的不同,从而根据剪切变形的不同,可以将切屑分为带状切屑、挤裂切屑、单元切屑和崩碎切屑。其中,前三种类型的切屑一般是在切削塑性金属材料时产生的,而崩碎切屑则一般是切削脆性金属时产生的。

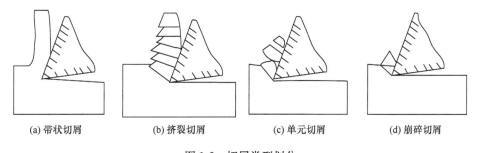

(a) 带状切屑　　　(b) 挤裂切屑　　　(c) 单元切屑　　　(d) 崩碎切屑

图 1-2 切屑类型划分

在切削加工时,刀具切入工件,使被加工材料产生弹性变形和塑性变形而形成切屑所需的力称为切削力。通常将切削力 F 分解为三个相互垂直的分力,即主切削力 F_z、切深抗力 F_y、进给抗力 F_x,如图 1-3 所示。影响切削力的因素包括工件材料、进给量、背吃刀量、切削速度、刀具前角、主偏角、刀尖圆弧半径、刀具材料、刀具磨损和切削液等。

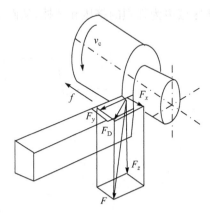

图 1-3　切削力的分解

切削力的测量工具主要为测力仪。其中压电式测力仪的测量原理是利用 F_{ny} 切削力作用在压电晶体上产生的电荷,经过电荷放大器转换成相应的电压参数继而获得对应的切削力值。瑞士 Kistler 公司的压电式三向测力仪技术成熟、性能稳定、测量精度高,在国内外切削加工研究中应用较为广泛。

在刀具作用下被切削材料发生塑性变形时产生的功、切屑与前刀面以及工件与后刀面之间的摩擦力所做的功绝大部分转变为切削热。因此,切削时共有三个产生热量的区域,即剪切滑移区、切屑和前刀面接触区、后刀面与工件表面接触区。若忽略进给运动所消耗的功,同时假定主运动所消耗的功全部转化为热能,则单位时间内产生的切削热可由式(1-1)算出:

$$Q = F_z v_c \tag{1-1}$$

式中,Q 为每秒钟产生的切削热(J);F_z 为主切削力(N);v_c 为切削速度(m/s)。

切削区域产生的热量分别被切屑、工件、刀具和周围介质传导出去,如图 1-4 所示。各部分传出热量的百分比,随不同的工件材料、刀具材料、切削用量、刀具几何角度及加工方式而异。切削过程中某时刻工件、切屑、刀具上各点的温度通常是不相同的,而且温度的分布也随时间而变化。一般说的切削温度是指刀具前刀面与切屑接触区域的平均温度。它不但测量方便,且与刀具磨损、积屑瘤的生长和消失以及已加工表面的质量有密切关系。

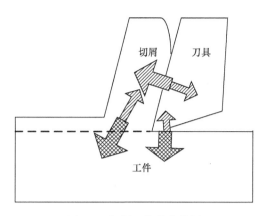

图 1-4 切削区热量的传导

1.2.2 刀具几何参数的选择

刀具的几何参数包括刀具的切削角度(如前角、后角、主偏角、副偏角、刃倾角等)、刀面的形式(如平前刀面,带卷屑、断屑槽的前刀面,波形刀面等)以及切削刃的形状(直线形、折线形、圆弧形等)。

刀具的几何参数对切削变形、切削力、切削温度和刀具磨损都有显著影响,从而影响切削加工生产率、刀具耐用度、加工质量和加工成本。为充分发挥刀具的切削性能,除应正确选用刀具材料外,还应合理选择刀具几何参数。

选择刀具合理几何参数主要取决于工件材料、刀具材料、刀具类型,也与切削用量、工艺系统刚性和机床功率等因素有关。

1. 前角的选择

前角是刀具上重要的几何参数之一,它的大小取决于切削刃的锋利程度和强固程度,直接影响切削过程。前角的作用是:减小切屑的变形;减小前刀面与切屑之间的摩擦力。所以,当前角增大时将会:①减小切削力和切削热;②减小刀具的磨损;③提高工件的加工精度和表面质量。加工塑性材料和精加工时取大前角,加工脆性材料和粗加工时取小前角,前角可正、可负,也可以为零。

2. 后角的选择

后角的主要作用是减小工件加工表面与主后刀面之间的摩擦力,所以增大后角可以:①减小切削力和切削热;②减小刀具的磨损;③提高工件的加工精度和表面质量。加工塑性材料和精加工时取大后角,加工脆性材料和粗加工时取小后角,后角只能是正的。

3. 主偏角的选择

主偏角的主要作用是改善切削条件,提高刀具寿命。减小主偏角,当进给量、背吃刀量不变,且其切削宽度提高、切削厚度降低时,可使切削条件得到改善,提高刀具寿命。系统刚性好时,取较小的主偏角;系统刚性差时,取较大的主偏角。

4. 刃倾角的选择

刃倾角的作用是:①影响切削刃的锋利程度;②影响切屑流出方向;③影响刀头强度和散热条件;④影响切削力的大小和方向。其选择主要是精加工时取正,粗加工时可取零或负。

1.3　分形理论及其应用

1.3.1　分形的概念及特性

1. 分形的概念

在实际生产中,不管是对故障进行诊断,还是对工况进行检测,都需要从现场采集各种物理信号,如机床的振动信号、切削力的电压信号等。人们不能直接从这些物理信号上提取有关信息,需要对信号进行处理,包括对有用信息的放大、提取、保存或传输,即将有用信息分离出来。信号处理技术的快速发展为人们提供了很多有用的信号特征提取方法,如快速傅里叶变换法、小波分析法等,必须根据实际情况选择一种最合适有效的方法。

信号分析的经典方法包括时域分析法和频域分析法。时域分析又称波形分析,是利用信号幅值随时间变化的图形或者表达式对信号进行分析,得到信号任意时刻的均值、最大值、最小值、瞬时值等。通过信号的时域分析,可以研究信号的稳态分量及波动分量。频域分析是将信号的幅值、能量或相位变换到频率坐标轴进行表示,再分析其频率特性的一种信号处理方法,即又称为频谱分析。现实世界中存在非线性、随机性、相似性等复杂系统,而近年来兴起的分形理论为处理这些复杂系统提供了一种非常有效的方法。

20世纪70年代,著名科学家 Mandelbrot 为了表征科学领域的一些复杂图形和复杂过程,引入了分形(fractal)一词,从对其词义简单地理解可知,它具有不规则和破碎的含义。到目前为止,对于分形并没有完整的数学定义。1982年,Mandelbrot 起初定义分形为分形维数 D_f 大于拓扑维数 D_t 的集合,后来又考虑到对于普通的规则几何对象,D_f 等于 D_t,所以把分形定义为使不等式 $D_f \geqslant D_t$ 成立的几何对象。这个定义说明,要判断一个集合是不是分形,只要计算 D_f 和 D_t,再根据不等式 $D_f \geqslant D_t$ 判断即可,而实际上一个集合的 D_f 和 D_t 的计算是比较复杂和困难的。1986 年,Mandelbrot 给出了一个更广泛、更通俗的定义:分形是局部和整体有某种方式相似的形。

关于分形的含义,英国数学家 Falconer 认为它应该以生物学给出"生命"定义的同样方法给出,即不探求分形的确切简明定义,而寻求分形的特性。因此,他将分形看作具有下列性质的集合 F:

(1) F 有"精细结构",即含有任意小比例的细节;

(2) F 局部和整体的几何性质是不规则的,因此难以用传统的术语来描述;

(3) F 自身的结构具有自相似性;

(4) F 的"拓扑维数"小于它的"分形维数";

(5) 在许多情况下,F 可以由迭代方法产生。

由上所述,分形是具有无标度性和自相似性的不规则几何体,一般分形维数大于拓扑维数。但这只是分形的一般概念,为了更好地理解分形的概念,必须进一步理解分形的无标度性和自相似性。

2. 分形的特性

1) 分形的无标度性

分形的无标度性是指在描述某类事物时同时存在许多尺度,例如,海岸线的长度、地球的形貌、气候变化的周期等自然界分形现象都具有无标度性的特点。下面以 Mandelbort 于 1967 年提出的"英国海岸线有多长"的问题为例,来具体解释分形的无标度性。将海岸线视为特殊的分形曲线——科赫曲线,即在直线段上将其三等分,中间的线段换成一个去掉底边的等边三角形,依次类推,如图 1-5 所示。

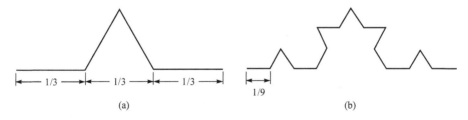

图 1-5 一种典型的分形特征图

图 1-5(a)和(b)的尺度 k 分别是 $\frac{1}{3}$ 和 $\left(\frac{1}{3}\right)^2$,那么测量出的海岸线长度 L 分别为 $\frac{4}{3}$ 和 $\left(\frac{4}{3}\right)^2$。照这样计算下去得出:若海岸线用尺度 $k = \left(\frac{1}{3}\right)^n$ 去度量,则它的

长度 $L = \left(\dfrac{4}{3}\right)^{n}$。

设 L 和 k 的关系为

$$L = k^{\lambda} = N(k) \cdot k \tag{1-2}$$

式中，$N(k)$ 是用尺度 k 去测量海岸线时得到的长度为 k 的段数。将 $k = \left(\dfrac{1}{3}\right)^{n}$、

$L = \left(\dfrac{4}{3}\right)^{n}$ 代入式(1-2)，再对两边取对数，可以求得式(1-2)中的系数 λ，即

$$\lambda = 1 - \frac{\lg 4}{\lg 3} = -0.2618 \tag{1-3}$$

则海岸线的长度 L 和尺度 k 的关系式可写为

$$L = k^{-0.2618} \tag{1-4}$$

由式(1-4)可以看出，海岸线的长度 L 随着测量尺子的尺度 k 变小而越来越长，从数学意义上说海岸线是趋于无限长的。对于海岸线这种没有特征尺度的事物，无法运用经典几何中的长度、面积、体积等作为尺度标准去度量，而用分形描述它更为合适。

2) 分形的自相似性

分形的自相似性是指某个对象的局部与整体在形状、结构方面具有惊人的相似性，即对象的外观在不同的放大缩小级别上，几何体的形态是相似的。自然界的分形大致可分为规则分形和无规则分形两类，图 1-6 是两种典型的规则分形图案。

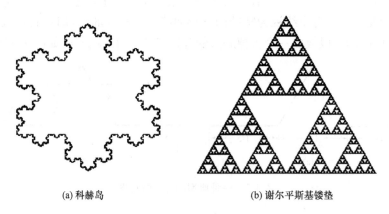

(a) 科赫岛　　　　　　　　　　　　　　(b) 谢尔平斯基镂垫

图 1-6　规则分形图案

从图 1-6 中可以看出，分形图形即图 1-6(a)和(b)是严格自相似的，它们是由数学模型生成的，如果放大图中局部的任意部分到原始图形的尺寸，会发现局部是整体的复制，像这种严格的自相似分形称为规则分形。但自然界中实际的分形体

并不是严格自相似的,例如,蜿蜒曲折的海岸线,它是极不规则、极不光滑的,不能从它的形态上区分这边的海岸与那边的海岸有什么本质的不同。虽然不同海岸的海岸线都具有几乎同样程度的不规则性和复杂性,但只能说明它们在形貌上是自相似的,也就是统计意义上的自相似,通常称为无规则分形。这种无规则分形体,自然界中还存在很多,如雪花、云彩等。

1.3.2　分形维数及计算方法

1. 分形维数的概念

分形维数的概念源于经典的欧氏几何,欧氏几何中的对象是用整数维来描述的。欧氏几何中,点的维数为 0,线的维数为 1,面的维数为 2,体的维数为 3,这些整数维称作拓扑维数。由于分形体不同于一般的欧氏几何体,它具有无穷嵌套的构型,具有无标度性和自相似性特征,所以不能用整数维的尺度去度量。例如,如果用传统的整数维(如一维或二维)尺度去度量海岸线,得到的结果要么为无穷大,要么为零。这说明,它是一个介于一维和二维之间的具有分数维的几何对象,只有用非整数维的尺度去度量,才能恰好地描述其复杂程度,而这种非整数值的维数统称为分形维数。分形维数推广了传统几何维数的概念,突破了维数必然是整数的局限。自然界中很多分形现象都可以利用分形维数来描述,下面介绍几种较常用的分形维数的概念。

1) Hausdorff 维数(豪斯多夫维数)

1919 年,Hausdorff 引入了连续空间的概念,即空间维数能连续变化,通过具体的计算来确定它,它既能是整数也能是分数,称为豪斯多夫维数,记作 D_f。下面考虑三个简单的几何图形,取一个边长为单位长度的线段,这是一个一维图形。若将线段的长度扩大为原来的 2 倍,则得到的线段长度是 2,其数学表达式为

$$2^1 = 2 \tag{1-5}$$

取一个边长为单位长度的正方形,这是一个二维图形。若将其每条边的长度扩大为原来的 2 倍,则新正方形的面积扩大为原来的 4 倍,其数学表达式为

$$2^2 = 4 \tag{1-6}$$

取一个棱长为单位长度的立方体,这是一个三维图形。若将其每条棱的长度扩大为原来的 2 倍,则新立方体的面积扩大为原来的 8 倍,其数学表达式为

$$2^3 = 8 \tag{1-7}$$

同理,将上述一维、二维、三维几何图形的结论推广到 D_f 维几何图形,若将其每个棱长的长度都扩大为原来的 L 倍,则得到的新几何图形扩大为原来的 K 倍。综上所述,得到 D_f、L、K 三者之间的关系式为

$$K = L^{D_f} \tag{1-8}$$

对式(1-8)两边取对数得

$$D_f = \frac{\ln K}{\ln L} \tag{1-9}$$

这样,式(1-9)中的维数 D_f 可以是分数,它就是 Hausdorff 维数,是分形维数中的一种。Hausdorff 维数便于描述简单的、规则的分形特征,而对于描述复杂的分形特征是具有一定局限性的,因此引入了关联维数和盒维数的概念。

2) 关联维数

一个系统在某一时刻的状态称为相,决定状态的几何空间称为相空间。一般来说,非线性动力系统的相空间维数可能很高,甚至无穷,但通常无法得知维数究竟是多少。如果以时间序列反映高维系统的动力特性,必然丢失许多关于系统行为特征的信息。因此,必须将该时间序列扩展到三维甚至更高维的相空间中,才能把时间序列中隐含的系统信息显露出来,这就是时间序列的重构相空间。

设观测到的时间序列为 $x_1, x_2, \cdots, x_n$,适当选取一个时间延迟量 τ,构造一个 m 维相空间,相空间中的向量为 $\boldsymbol{X}_i = [x_i, x_{i+\tau}, \cdots, x_{i+(m-1)\tau}]^T$。其中 $i=1,2,\cdots,N$,$N=n-(m-1)\tau$,n 为原时间序列点数,通过以上方法构造出 N 个 m 维向量,m 称为嵌入维数。

通过考察嵌入空间中半径为 r 的球内的点数随半径缩减为 0 的这种变化方式,可以从实验时间序列中估算出该值。首先定义关联函数 $C(r)$:

$$C(r) = \lim_{N \to \infty} \frac{1}{N(N-1)} \sum_{i \neq j} \theta(r - |x_i - x_j|) \tag{1-10}$$

其中,θ 代表欧氏空间中状态向量 $\boldsymbol{X}_i$ 与 $\boldsymbol{X}_j$ 之间的距离,N 为相空间中相点的数目。$C(r)$ 实际上表示的是相空间中距离小于 r 的点对数目占所有可能的点对数目的比例,刻画了相点的聚散程度。如果存在一个常数 D,使得关联函数 $C(r)$ 服从以下规律:

$$\lim_{r \to 0} C(r) \propto r^D \tag{1-11}$$

则 D 称为关联维数,此时重构相空间具有分形特征。关联维数 D 可由下式算出:

$$D = \lim_{r \to 0} \frac{\ln C(r)}{\ln r} \tag{1-12}$$

因此,画出 $\ln C(r)$ 相对于 $\ln r$ 的曲线,即可用双对数曲线直线部分的斜率计算出关联维数。如果曲线的斜率对于逐渐增大的嵌入维数收敛于一个饱和值,那么该值就是关联维数 D。

关联维数多用于处理时域序列的数字信号,能较好地反映信号的分形性质,以区分出不同的工况或进行故障诊断等。

3) 盒维数

盒维数是应用最广泛的维数之一,它的普遍应用主要是由于这种维数的数学计算及经验估计相对容易。它的测量原理就是:设 F 是平面上的任意非空有界点集,取边长为 σ 的方网格覆盖 F 集,则必有某些方网格内包含 F 集中的点,把包含 F 集中点的方网格的数目统计出来,记为 $N(\sigma)$。然后缩小方网格的边长 σ,则所得到的 $N(\sigma)$ 就要增大。按照分形维数的定义,只要做出 $\ln N(\sigma)$ 和 $\ln\sigma$ 的双对数曲线,则曲线的拟合直线斜率就是盒维数 $D(F)$。将方网格编号,如果知道 F 集中的点落入第 i 个方网格的概率为 P_i,那么就可以写出用尺寸为 σ 的方网格进行测量所得出的信息量为

$$I = -\sum_{i=1}^{N(\sigma)} P_i \ln P_i \tag{1-13}$$

用 I 代替 $N(\sigma)$ 来定义信息维数 D_i,要使结果更准确,就要不断缩小方网格的尺寸 σ,而且看 σ 在不断缩小时是否有极限存在,即

$$D_i = \lim_{\sigma \to 0} \frac{\ln \sum_{i=1}^{N(\sigma)} P_i \ln(1/P_i)}{-\ln\sigma} \tag{1-14}$$

如果 F 集中的点落入方网格的概率都是相同的,即 $P_i = 1/N(\sigma)$,求和符号后面的每一项都与方网格的编号无关,则 $I = \ln N(\sigma)$,就又回到了盒维数 $D(F)$ 的定义。

由上述可知,根据盒维数的概念很容易计算出分形维数。自然界中分形现象是多种多样的,描述这些分形特征的分形维数也具有多种形式。除了前面介绍的 Hausdorff 维数、关联维数和盒维数,还有自相似维数、容量维数、Lyapunov 维数(李雅普诺夫维数)等。

2. 分形维数的计算方法

据前文可知,虽然分形维数有多种定义,但找到一个对任何实际对象都适用的定义并非易事。在求分形维数之前,需要确定分形维数的上限和下限。因为在改变观测尺度,即分形维数取不同的上下限时,观察到的现象会有所不同。例如,描述一片云彩的形状,如果以地球的大小为基准观察,这片云彩只不过是一个点;如果用显微镜观察,则它是由不同大小水滴组成的集合体,没有出现自相似结构。所以,对于具有分形特征的物体,必须在一定上下限区域去观察,才能发现自相似的结构,此区域称为无标度区,而分形维数所含有的意义只在这个区域内体现。

由于分形维数定义的差别,实际测定它的方法也不同,它们本质上的差别就是表征的测度或使用的尺度不一样。分形维数的实际测定方法大致可以分为如下五类:依据相关函数求取维数、改变观测尺度求取维数、依照测度关系求取维数、依照分布函数求取维数和依照频谱求取维数。

　　下面简要介绍本书中使用的依照频谱求取维数的方法。频谱法适用于随机记录的时间序列信号,如地震信号、振动信号、电波信号等。随机序列信号在空间或时间上的变化具有显著的统计性质,对它进行特征分析可以得到信号波数与频率相对应的频谱。从频谱的观点来看,测定分形维数的尺度就是截止频率 ω。如果一个随机序列具有分形特征,则表明 ω 的变化不改变频谱的形状。那么,对于一个随机序列信号,它的频谱 $S(\omega)$ 与截止频率 ω 之间有如下幂律关系:

$$S(\omega) \propto \omega^{-\beta} \tag{1-15}$$

式中, β 为功率谱指数。若时间序列 $L(t)$ 具有分形现象,则它的标度率应为

$$L(t) \propto t^{\alpha} \tag{1-16}$$

式中, α 为标度指数。根据量纲分析,有

$$L^2(t) \propto \omega S(\omega) \tag{1-17}$$

所以有

$$\beta = 2\alpha + 1 \tag{1-18}$$

对于拓扑维数为 1 的单变量时间序列,其分形维数 $D = 2 - \alpha$,因此有

$$D = \frac{5 - \beta}{2} \tag{1-19}$$

根据式(1-18),通过功率谱指数 β 可求得分形维数 D。

1.3.3 分形理论在切削加工中的应用

　　随着机械工程领域内研究的不断发展与深入,研究人员发现本领域的许多问题具有分形的特征,例如,几何型面加工误差综合分析中,大量的实验研究表明,很多机加工型面,如零件的磨削或精车表面具有自相似、自仿射特点。同时,机械工程中如制造系统的决策问题等复杂问题,采用原有技术来解决,较难取得理想结果,这也促使研究人员将分形理论引入机械工程的研究中,应用分形理论对本领域的相关问题进行探索。

　　1. 分形理论在表面形貌研究中的应用

　　零件的表面形貌对机器、零件等的使用性能有重要影响,如摩擦、磨损和密封等。传统的统计参数如斜率、峰顶曲率只能描述表面形貌在某一标度下的特性,其标度是不独立的。为了寻找标度独立的参数描述表面形貌,研究人员将分形理论引入表面形貌的研究中,通过修正的表面形貌高斯随机分形模型,从理论上推导出支承长度串曲线与分形维数有关,而形貌系数对该曲线的影响较小的结论,而且通过实验进行验证,得出分形维数提供表面接触承载能力的单值定量尺度,该参数比支承长度串曲线更简洁、更实用。

2. 分形理论在切削过程中的应用

目前高速切削条件下切削力的研究主要集中在切削力静态分量方面,对于切削力动态分量的研究还很少。为了掌握高速切削时切削力的波动频率与幅度方面的规律,就必须研究切削力动态分量。为了研究高速切削中不同刀具材料、不同切削速度对切削力动态分量信号分形维数的影响,分别采用 TiN 涂层和硬质合金刀具对材质为调质 45 号钢的工件进行高速切削实验,结果表明:分形维数可以表征切削力动态分量的随机性和切削状态的平稳性;切削速度 v_c 对分形维数 D 的影响比较显著,但两者的线性关系不明显,一般来说,当 v_c 较大时,D 较小。

3. 分形理论在加工表面质量评定中的应用

表面粗糙度是评定切削加工表面质量的重要内容,有关数据可用不同的方法测得,最常用的是轮廓仪测量法。

研究表明,很多切削加工表面都不具有精确的自相似,而是统计意义下的自相似,即局部的概率分布与整个表面的数学特征是连续的、不可微的和自仿射的。其不可微是指当粗糙表面被重复放大时,确定点的粗糙度越来越精细的结构不断出现,所以其表面上的任何点都不可能画出切线或切平面。自仿射是指实际测量时横纵坐标的放大倍数不同。

分形几何中的 Weierstrass-Mandelbrot 函数(简称 W-M 函数)能满足这些特征。

粗糙表面轮廓高度为

$$Z(x) = A^{(D-1)} \sum_{n=n_1}^{\infty} \frac{\cos(2\pi r^n x)}{r^{(2-D)n}}, \quad 1 < D < 2, r > 1 \tag{1-20}$$

式中,x 为粗糙表面测量坐标;A 为尺度参数,它反映了表面轮廓高度的功率谱函数双对数图的最小二乘中线在功率轴上的截距;D 为分形维数;r 为空间频率的模,相应于粗糙表面波长的倒数($r^n = 1/\lambda_n$),它决定着粗糙表面的频谱,$r = 1.5$ 可适于高频谱密度及相位的随机性;n_1 与粗糙表面轮廓的最低截断频率相对应,由于粗糙表面是一个非稳定的随机过程,对于触针式轮廓仪,n_1 依赖于取样长度 L,且 $r^{n_1} = 1/L$。

分形维数的定义有很多,但表面粗糙度使用的是盒维数。这里采用功率谱密度函数的双对数图进行分形维数的计算,经快速傅里叶变换得式(1-20)的功率谱为

$$P(f) = \frac{A^{2(D-1)}}{2\ln r} \frac{1}{f^{(5-2D)}} \tag{1-21}$$

式中,f 为空间频率。

从式(1-21)中可得,$P(f)$服从幂规律。因此,$P(f)$的双对数图的最小二乘中线的斜率k与分维的关系为

$$D = \frac{5-k}{2} \qquad (1-22)$$

通过式(1-22)可求得表面轮廓的分形维数。

4. 分形理论在刀具磨损中的应用

研究表明,刀具磨损过程具有自相似结构,通过实验可以建立切削条件、工件材料与刀具磨损的映射关系,以研究刀具磨损中的分形特征。在研究刀具磨损特征时,可根据刀具磨损图像的特征选择磨损区域轮廓曲线作为几何特征量。选择不同尺度η测量磨损区域边界轮廓。结果满足:

$$N(\eta) = N_0 \eta(1-D) \qquad (1-23)$$

式中,N_0为常数;$N(\eta)$为轮廓曲线周长;D为磨损区域的分形维数。

由式(1-23)得

$$\lg N(\eta) = \lg N_0 + (1-D)\lg\eta \qquad (1-24)$$

通过式(1-24)可求出刀具磨损中的分形维数。

5. 分形理论在切削加工设备状态监测中的应用

切削加工设备状态监测主要是进行机械系统的故障诊断。研究表明,谱分析法对于线性系统故障诊断具有良好的效果,但对于复杂的非线性系统特别是混沌系统诊断不是很有效。混沌与分形动力学理论的发展为复杂的非线性诊断提供了有效的方法。研究表明,其特征参数——相关维数,能够有效地区分不同的故障。

相关维数分析方法通过重构动力系统相空间,得到相空间的维数。相关维数分析方法提供的系统信息如下。

1)系统是确定性系统还是随机系统

确定性系统在相空间具有有限的相关维数,而随机系统充满整个相空间,它的维数等于相空间嵌入维数。白噪声的相关维数随嵌入维数的增加而增加。

2)系统是低维的还是高维的

相关维数反映了系统相空间的维数,定量地给出了描述该动力系统所需独立变量的数目。不同的故障是由不同的动力系统产生的,在相空间也有相同的特征,因此可以根据系统相空间维数的高低诊断系统的故障。

在实际应用中,可分别采集不同动力系统的故障信号,并分别计算信号的相关维数。根据计算出的不同动力系统的相关维数来区别不同的故障,进而对故障作出明确的诊断。

1.4　有限元模拟技术及其在分形特性研究中的应用

1.4.1　有限元理论

1. 有限元法的基本思想

有限元法(finite element method,FEM)的基本概念是用简单的问题代替复杂问题后再求解。首先将求解域看成由许多称为有限元的小的互连子域组成,对每一单元假定一个合适的(较简单的)近似解,然后推导求解这个域总的满足条件(如结构的平衡条件),从而得到问题的解。这个解不是准确解,而是近似解,因为实际问题被较简单的问题所代替。由于大多数实际问题难以得到准确解,而有限元不仅计算精度高,而且能适应各种复杂形状,因而成为行之有效的工程分析手段。

有限元法的基本思想是将所求的问题视为离散单元的集合体来考虑,即"一分一合"的思想。"分"就是将连续体离散为若干个形态比较简单的单元(单元的形状可以是二维的三角形、四边形,三维的四面体、六面体等),然后进行单元分析。离散后的单元与单元之间用节点互相连接起来,至于单元节点的设置、特性和数目等问题应该根据实际问题的性质、描述变形形态的需要和求解的精度而定(一般来说,单元尺寸越小即数目越多,描述变形的形态越接近实际变形,求解的精确程度会越高,但计算量也越大),如果划分的单元数目较多而且合理,则获得的计算结果会与实际情况很接近。"合"就是对整体结构进行综合分析,即利用结构的力平衡条件、边界约束条件和热平衡条件,将离散后的各个单元按照原有的结构重新连接起来,在连接各个单元的过程中,通过单元之间的节点,完成过程变量的传递,形成整体的有限元方程组。然后根据方程组的特点,选择合适的计算方法去求解,就能得到工程分析所需要的结果,如变形力、变形位移、应力分布和温度分布等。

2. 有限元法的发展

有限元法最初出现于 20 世纪 50 年代,可以解决一些实际中难以解决的问题,随着计算机硬件水平的逐步提高,其计算精度也越来越高,逐步成为流行的工程分析手段。

有限元法的核心就是分解的单元,Turner、Clough 等于 1956 年将钢架位移法应用到弹性力学的平面应力分析中,但是,有限单元这种叫法是在 1960 年开始使用的。在早期,有限元法主要应用于某个专业的领域,如应力和疲劳,这时有限元法的应用还比较狭窄。在 1963～1964 年,Melosh 和 Jones 等发现了有限元法是处理连续介质等问题的一种通用的方法。1967 年,Zienkiewicz 和 Cheng 共同合作出版了第一部有限元专著《结构域连续力学的有限元法》,扩大了有限元法的应用范围,并加快了有限元法的推广应用。但在这个时期,计算机硬件水平相对落后,因此对多物理场的模拟也仅仅停留在理论阶段,用有限元建模也拘束于对一个物理场的模拟,其中很常见的就是对力学、流体、传热和电磁场的模拟。随着近些年来工业水平的提高,电子产业飞速发展,计算机硬件水平也得到了很大的提升,有限元法已经可以对多物理场进行有限元模拟,大大满足了工程师对实际物理系统的求解需求。例如,压电扩音器涉及三个物理场,即结构场、电场和流体中的声场,用通常的研究方法是困难的,但是用多物理场分析软件却能很好地解决这个问题。而很多公司也看到了有限元分析可以帮他们提高竞争力,因为他们可以通过模拟来替代一些实际的测试,从而可以快速经济地优化产品。在印度尼西亚,由 John Kalafut 博士带领的 Medrad Innovations 研究小组,运用多物理场分析软件分析了注射器中血细胞的注射过程。

有限元法经过近 60 年的发展,已经逐渐成熟,也成为结构分析中很常用的工具,它的应用领域非常广泛。同时随着计算机水平的提高,以及有限元相关理论的完善和成熟,也产生了许多基于有限元的分析软件,如 DEFORM、ANSYS、ABAQUS 等。这些软件都涵盖了很多科学的计算方法,如空间迭代法、子结构法等,且能够求解很复杂的问题,其界面也是图形化的,拥有强大的网格自动划分以及自适应划分功能,大大地增加了其求解能力。在众多学者实际的使用中,这些软件的计算精度与实际也相差无几,这意味着用有限元技术代替实际研究,或者用有限元来分析研究各领域的实际问题成为可能,这势必会带来一次工业变革。低成本、高精度,以及计算机硬件水平的飞速提升,将会使有限元的应用更广泛和普遍,有限元法已经成为数学领域的一个新分支。

随着电子产业的快速发展,计算机已从昂贵的主机发展到笔记本电脑,以前用工作站才能处理的问题现在用笔记本电脑便可以轻松解决,这就为有限元法的推广提供了硬件基础。现在,许多有限元分析软件,如 DEFORM、ANSYS 等已经被广泛安装到企业,甚至个人的笔记本电脑中,它作为工程分析的一种手段,在各个工程领域都得到了快速发展。

1.4.2 有限元法基本分析流程

对于不同物理性质和数学模型的问题,有限元法的基本步骤是相同的,只是具体公式推导和运算求解不同。简而言之,有限元分析可以分为三个阶段,即前处理、求解和后处理。前处理是建立有限元模型,完成单元网格划分;后处理则是采集处理分析结果,使用户能简便地提取信息,了解计算结果。

使用有限元法进行分析时一些通用的规则包括:首先计算节点的位移量,然后推算其对应单元的应变值,最后计算积分点的应力。因此,位移的准确性高于应变,应变高于应力。当结构静力平衡时,计算变形的单元是求得准确有限元分析结果的关键,所以在计算中,线性单元不能有太大的变形,否则会产生无法进行求解的情况;网格划分的质量也会对计算结果产生影响,概括来说,最初划分的网格需要能够呈现出所要分析模型的几何形状,并且要有足够的"弹性"以抵抗分析中的变形;而且有时候,由于分析的需要,需要对网格进行局部细分,以避免分析中产生局部网格失真造成求解精度差等问题。

概括来说,运用有限元法来求解问题的基本步骤如下。

1)定义所要分析的问题及求解域

即确定所要分析问题的类型、所要定义的几何模型、所要用到的求解区间、确定用哪些求解器等,这些必须首先确定,否则后续分析无法进行。

2)对求解域进行离散化

求解域离散化就是在分析前首先建立相关的有限元模型,无论是实体模型还是曲线模型,然后对建立的有限元模型进行网格划分或单元划分,也就实现了将模型分解为单个的单元体。将求解域近似为具有不同有限大小和形状但彼此相连的有限个单元组成的离散域,习惯上称为有限元网格划分。因此,单元越小,离散域的近似度越好,计算结果也相对更加精确,但是计算量将会大大增大。求解域的离散化是有限元法的核心技术之一。

3)确定状态变量及控制方法

通常来说,具体的物理问题往往可以用若干个包含问题状态变量边界条件的微分方程表示,为适应有限元求解,通常将微分方程化为等价的泛函形式。

4)单元推导

对单元构造一个合适的近似解,即推导有限单元的列式,其中包括选择合理的单元坐标系、建立单元形函数、以某种方法给出单元各状态变量的离散关系,从而形成单元矩阵。为保证问题求解的收敛性,单元推导有许多原则要遵循。对工程而言,重要的是应注意每一种单元的解题性能与约束。

5)总装求解

将单元总装形成离散域的总矩阵方程,反映了对近似求解域的离散域的要求,即单元函数需要满足一定的连续条件。需要注意的是,总装并不是对任意位置的节点都进行,而是在相邻单元节点进行。

6)联立方程组求解和结果分析

有限元分析的主要运算步骤是联立方程组。一般来说,对联立的方程组进行求解可以使用的方法有直接法、迭代法和随机法。求解结果是单元节点处状态变量的近似值。对于计算结果的质量,将通过与设计准则提供的允许值比较来评价并确定是否需要重复计算。

1.4.3　非线性问题的求解

有限元分析中包含大量的非线性分析问题,例如,金属切削过程中材料的变形行为是三重非线性问题,即几何非线性、材料非线性、边界条件非线性。几何非线性是由位移之间存在非线性关系引起的;材料非线性是由应力应变非线性关系引起的;边界条件非线性由边界条件引起,如果结构上施加的载荷与结构位移的关系不为线性,就会引起边界条件非线性。

无论几何非线性、材料非线性还是边界条件非线性,所描述的非线性有限元方程都要通过迭代增量非线性有限元方程组才能完成方程的求解。对于增量非线性有限元方程组,通常采用 Newton-Raphson 迭代法或修正 Newton-Raphson 迭代法求解。

Newton-Raphson 迭代法每次迭代需重新形成迭代位移更新方程组系数矩阵,并重新分解。但该方法收敛性较好,适用于高度非线性问题,如图 1-7 所示。

修正 Newton-Raphson 迭代法每次迭代都采用增量步开始时的系数矩阵,只在每个增量步开始时才重新更新系数矩阵并重新分解。修正 Newton-Raphson 迭代法收敛慢,适用于非线性程度较低的问题,如图 1-8 所示。

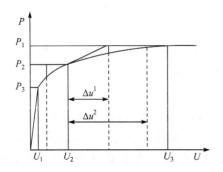 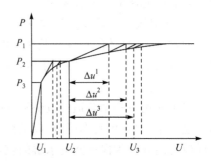

　　图 1-7　Newton-Raphson 迭代法　　　　　图 1-8　修正 Newton-Raphson 迭代法

本书的仿真模拟计算均采用 Newton-Raphson 迭代法。

弹塑性有限元法在采用迭代法求解过程中存在一个收敛判据问题,即迭代何时终止的问题。收敛性的判据主要有检查残差、检查位移和检查应变能三类。检查残差度量迭代的近似位移所产生的内力(矩)与外载荷之间不平衡的程度。检查位移度量两次迭代位移或转动之差与增量步内实际的位移变化之比。检查应变能度量两次迭代应变能之差与增量步实际的应变能之比。对于本书研究的金属切削问题,选择检查位移判据。

1.4.4 有限元法在切削领域的应用

早在 1937 年,著名学者 Piispanen 最先建立了切削模型(卡片运动模型)。这一模型是比较理想化的模型,它把稳态切削状态下产生切屑的原因描述为一叠卡片在刀具的推挤作用下沿着刀具的前刀面滑动而形成,并假想剪切区域是在一个绝对的平面上,因此它无法解释切屑卷曲变形等问题。但是,它为以后切削模型的建立奠定了良好的基础。

1945 年,Merchant 提出了传统的剪切角模型,主要研究的是在切削过程中剪切角和刀具前角之间的关系。但是,该模型只适用于 SAE4340 钢,并不适合所有材料。

1951 年,Lee 和 Shaffer 利用滑移线场的方法来分析正交切削的问题,但是工件材料设定为一个刚塑性体,无法反映屈服应力随应变、应变率和温度而改变的真实性。

研究者为了使计算的结果更接近真实的情况,开始考虑刀面上的摩擦、高应变率、加工硬化和高温对工件材料的影响。

1951 年,Trigge 和 Chao 在研究金属切削过程中,考虑了材料的塑性变形以及刀具和工件摩擦产生的热对切削过程的影响。切削热导致温度的升高,进而影响材料的相关性质。

1959~1961 年,Oxley 和 Palmer 等在研究中考虑了材料的加工硬化和应变率对切削过程的影响,使模型更加符合实际情况。

1965 年,Kudo 在研究中发现刀、屑之间的接触是切屑卷曲的原因,由此建立了切屑卷曲模型,但是在模型中材料被定义为刚塑性,同时忽略了切削热的影响。

20 世纪 70 年代,有限元法逐渐应用在金属切削过程的模拟中,相对于传统的方法,它使问题简单化,而且分析精度得到了很大的提高。在刀具设计、参数优化、工艺选择、加工性能预测等方面的研究中,避免了大量的切削实验,促进了切削研究的进展,尤其是有效降低了研究成本。

1971 年,Zienkiewicz 主要对主剪切区材料的变形情况进行了研究,他所建立的模型首先对切屑的形状进行预定义,并定义了刀具是如何加载的。但是,在模拟过程中,忽略了刀-屑摩擦和流动应力受温度和应变率的影响。

1973 年,Klameck 最先应用三维有限元模型模拟了切屑的初始成形,并分析了切屑成形机理。

1976 年,Shirakashi 和 Usui 主要分析了 Klameck 的有限元模型,并在此基础上进行了改进。他们对切屑的形状进行了迭代调整,加入了影响刀-屑摩擦和流动应力的诸多因素,如应变、应变率以及温度。但是,他们没有考虑刀具路径对材料塑性流动的影响。

经过多年的发展,有限元法在切削研究中的应用在 20 世纪 80 年代更加成熟,并得到了快速发展。国外的许多学者在模拟切削过程的研究中取得了很大进展,积累了很多经验,为数值模拟在金属切削领域的发展做出了重大贡献,打下了坚实的基础。

1980 年,Lajczok 应用有限元法对金属切削过程的主要问题进行了研究,主要利用正交切削模型,将实验数据作为仿真依据,通过模拟计算,得到了主切削力和径向切削力的值,并对切削工艺进行了初步分析。

1981 年,Usui、Shirakashi 和 Maekawa 等学者假设低碳钢材料的流动应力是应变、应变率和温度的函数,利用有限元模拟产生积屑瘤的连续切屑的切削行为,其中采用库伦摩擦定律处理刀-屑接触面的法向力、摩擦力及摩擦系数的关系。

1982 年,Usui 和 Shirakashi 预设了剪切角、切屑几何形状和材料流线,加入正交切削模型中,来进行稳态正交切削的模拟,并预测了应力、应变和温度等参数。

1984 年,Iwata、Osakada 和 Terasaka 利用欧拉公式建立了刚-塑性有限元模型,以应力破坏准则作为切屑分离准则,比较全面地分析了稳态正交切削行为,并通过相应的切削实验验证了模拟结果,二者能够很好地吻合。但是,在模拟中没有考虑弹性变形,因而无法得出残余应力的模拟结果。

1985 年,Strenkowski 和 Calroll 利用拉格朗日公式建立了弹-塑性有限元模型,切屑和刀具间的热传导问题采用绝热模式来处理,模拟了从初始状态到稳态的切削过程。在该模拟中把等效塑性应变作为切屑分离准则。模拟结果表明,在切屑分离准则中,背吃刀量决定了等效塑性应变的临界值,对模拟结果有重要的影响。该模型为以后其他切屑分离准则的提出奠定了基础。

1990 年,Strenkowski 和 Moon 利用欧拉公式建立了有限元模型,但它只适用于稳态切削模拟,并且忽略了弹性形变。他们预测出了切屑几何形状,以及工件、切屑和刀具内的温度分布。

1991 年,Komvopoulos 和 Erpenbeck 建立了弹-塑性有限元模型,通过预设的刀具磨损尺寸来分析工件材料的塑性流动、刀-屑接触面上的摩擦和刀具磨损等特性对切削过程的影响。

1994 年,Zhang 在有限元模型中,把切削层与工件未被切削部分用节点固连的方法连接,并以刀具的几何位置作为切屑分离准则,即几何分离准则。在刀具前进的过程中,软件自行判断刀尖与离刀尖最近的节点的距离是否达到设定的临界值,如达到,则节点——分离,形成切屑和工件加工表面。

1993~1996 年,Shih 等建立了平面应变有限元模型,采用网络重新划分技术来模拟正交切削连续切屑形成的过程,提高了模拟结果的精确性。其中,考虑了弹性、热塑性、温度、高应变和高应变率对工件材料的影响,预测了残余应力的分布规律。

　　1996 年，Huang 和 Black 等以几何分离准则、最大剪切应力准则、剪切面上平均最大剪切应力准则以及几何分离准则结合应力准则等作为切屑分离准则，模拟金属切削过程。研究结果表明，即使采用不同的切屑分离准则，也不会影响切屑的几何形状、应力和应变的分布。

　　1999 年，Lei 等借助通用有限元软件，采用网格重划技术，预测了温度在剪切区的分布规律。

　　2000 年，Ozel 等在仿真过程中，得到了工件的应变、应变率和温度的分布规律，并利用这些数据推导出了材料的流动应力公式，他们还通过刀-屑接触面的剪切应力得到了刀-屑摩擦系数的表达公式。

　　与国外的研究状况相比，我国对于有限元仿真在金属切削领域中的应用与研究起步较晚，存在很大的差距，但是经过最近几年的研究发展，也取得了许多研究成果。

　　2002 年，陈明、袁人炜等利用三维有限元法模拟了铝合金薄壁零件在高速铣削中刀具与工件接触区和工件内部的温度分布规律。研究发现，随着铣削速度的增加，刀具与工件接触区的温度变化存在二次效应，该结论对铝合金薄壁零件的加工有实用价值。

　　2003 年，方刚、曾攀采用基于拉格朗日方法的静态塑性大变形有限元软件DEFORM-2D，针对正交切削工艺建立了平面应变模型，得到了切屑成形、温度分布、切削力变化及工件残余应力分布等规律。

　　2003 年，王立涛、何映林等采用三维有限元法，对航空铝合金 7050-T7451 在无内应力的前提下进行了铣削模拟，得到了材料表层的残余应力分布情况。在模拟中他们用单元生死法实现材料的去除，使计算结果更加准确、可信。

　　2004 年，黄志刚、何映林、王立涛基于热-弹塑性有限元方程，建立了正交切削的热力耦合有限元模型；分析和研究了切削数值模拟中所涉及的关键技术，提出了几何-应力切屑分离准则；通过模拟结果与实验结果的对比，证明了所建立的有限元模型的正确性。

　　2005 年，王洪祥、汤敬计等基于大变形有限元理论，建立了切削过程的三维有限元模型，通过商业有限元分析软件对正交直角切削和斜角切削进行了仿真，对两种切削条件下的切屑成形进行了细致的分析，发现斜角切削产生的切削热、塑性应变和等效应力小于直角切削。

　　2007 年，唐志涛、刘战强、艾兴等建立了热-弹塑性本构方程，探讨了有限元模拟中的关键技术（如材料模型、切屑分离断裂准则和刀-屑摩擦模型等），在此基础上，他们建立了正交切削加工的有限元模型，模拟了 WC 基硬质合金钢刀具正交切削加工航空铝合金 7050-T7451 的过程，有效预测了切屑形态、切削力、切削温度以及应力和应变的分布规律。

随着科学技术的不断发展,有限元法和计算机技术也获得了改善和提高,使得金属切削数值模拟技术更加成熟。特别是,在通用和专用有限元软件出现以后,切削过程的研究又上了一个新的台阶。研究人员已经摆脱了复杂的程序设计过程,可以集中精力去应用有限元软件进一步探索切削加工机理、刀具几何优化和切削参数优化等内容,为实际加工和生产提供有价值的参考信息。

1.4.5　有限元软件在切削领域的应用

经过几十年的发展和完善,各种通用和专用有限元软件已经使有限元法转化为社会生产力。目前常见的通用有限元软件包括 ANSYS、ABAQUS、LUSAS、MSC. NASTRAN、ALGOR、HyperMesh、COMSOL Multiphysics、FEPG 等。

DEFORM 是一套基于有限元法的专业工艺的专用仿真软件,是由美国 Battelle Columbus 实验室在 20 世纪 80 年代早期着手开发的一套有限元分析软件,用于分析金属成形及其相关的各种成形工艺和热处理工艺。它是在一个集成环境内对综合建模、成形、热传导和成形设备特性进行模拟仿真分析,适用于热、冷、温成形,提供极有价值的工艺分析数据,如模具填充、锻造负荷、模具应力、材料流动等。

DEFORM 系统主要由两个大模块组成,即 DEFORM-2D 模块和 DEFORM-3D 模块。在早期的 DEFORM-2D 模块中,只能分析等温变形的平面问题或者轴对称问题。但是随着有限元技术的日益成熟以及相关计算机硬件的快速发展,DEFORM 也在不停地更新和完善,目前,DEFORM 已经能够用于分析考虑热力耦合的非等温变形问题以及三维变形问题。

从结构上来说,DEFORM-2D 模块和 DEFORM-3D 模块大致相同,都是由前处理器、模拟处理器和后处理器三大模块组成,不同的地方在于 DEFORM-2D 模块本身可以制作简易的线框模型,但是不具备使用三维实体的功能。与之相反的是,DEFORM-3D 模块具备使用三维实体的功能,但是没法直接在模块中建模。另外,DEFORM-3D 模块还提供了一些常用分析模型,用户在分析时只需要指定参数便可以方便地建模。除此之外,DEFORM-3D 模块还具备与 CAD 相关联的数据接口,如 IGES 接口和 STL 接口。

在三大模块的基本模块中,前处理器主要包含如下三个子模块。

(1) 数据输入模块。这个模块的作用是设置分析时的参数,方便数据的快速输入,如初始速度场、温度场的设置,边界条件、摩擦系数等初始条件的设置等。

(2) 网格的自动划分与自动再划分模块。这个模块主要与网格的划分和重划分有关。

(3) 数据传递模块。当网格重划分后,需要在单元之间进行数据的传递,如应力、应变、温度等的传递,以使计算能够保持连续性。

　　模拟处理器主要负责在模拟过程中各种数据的计算,它是 DEFORM 有限元分析系统的计算核心,在有限元分析过程中,几乎所有关于模拟数据的生成都是在模拟处理器中计算完成的。DEFORM 在计算时,模拟处理器会先通过有限元离散化,将平衡方程、材料的本构关系以及设置的边界条件等通过内部算法转变成非线性方程组,为了求解这个方程组,模拟处理器会选择直接迭代法以及 Newton-Raphson 迭代法进行求解,模拟处理器的求解结果会自动以二进制文件的方式进行存储,用户可在后处理器中获取所需要的结果。

　　后处理器用于显示计算结果,结果既可以是图形形式,也可以是数字、文字混编的形式。可获取的结果可以是每一步的有限元网络、等效应力、等效应变,也可以是破坏程度的等高线和等色图、速度场、温度场、压力行程曲线等。

　　DEFORM-3D 最新版在原版本材料库中 50 多种常见材料的基础上又新增了几种材料,该系统在提升切削效率、系统刚性和精度方面也有了显著提升。基于 DEFORM 的上述优势,本书中主要的切削仿真计算均采用 DEFORM 完成。DEFORM 有限元分析的一般实施步骤如图 1-9 所示。

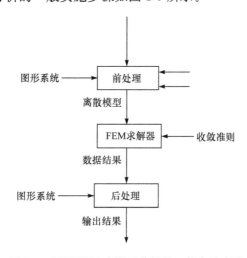

图 1-9　DEFORM 有限元分析的一般实施步骤

第 2 章　干切削刀具设计与制备的最新进展

2.1　涂层刀具简介

涂层刀具是刀具发展史上的一项重大突破。与无涂层刀具相比,涂层刀具有着独特的使用特点:涂层刀具较无涂层刀具昂贵,要保证切削工件具有较高的刚度和定位精度,一般将涂层刀具用在刚度和耐振性高的机床上;在满足刀具磨损强度的情况下,涂层刀具的切削速度比无涂层刀具提高 30%～60%。刀具表面涂层技术是材料表面改性技术,很好地解决了刀具材料中耐磨性、硬度与韧性、强度之间的矛盾。通俗地说,涂层刀具就是在一些韧性较好的高速钢或硬质合金基体上,采用表面涂层技术涂覆一层耐磨性高的难熔金属化合物而得到的。

一般来说,涂层应具有足够的化学稳定性能、热硬度和与基体较强的黏结性能。优化的涂层厚度、精细的显微结构及残余压应力可以进一步提高涂层性能。涂层材料的化学惰性标准是自由能的负数很高或切削温度下它在工件材料的溶解度很低。涂层材料的物理标准是在切削温度下,只要涂层比基体的硬度高,就有助于增强涂层的抗磨损性能。虽然切削磨损主要由化学磨损造成,但高的涂层硬度会使刀具前刀面在较高温度下的抗月牙洼磨损能力得到增强。涂层方法及过程参数影响硬涂层的显微结构,反之,显微结构(如颗粒尺寸、颗粒结构、颗粒边界和相边界)又影响硬涂层的力学性能和金属切削性能。为了获得满意的切削性能,刀具涂层与基体的黏结必须牢固。为了达到最大的金属切除率,涂层的厚度必须是最优化的:涂层太薄,在切削时保持的时间太短;涂层太厚,它的作用就好像是整体的材料,失去了与基体组合的优越性。

目前,涂层刀具主要分为两大类:一是高速钢涂层刀具,二是硬质合金涂层刀具。相比而言,硬质合金涂层刀具性能较好,适用范围广,这里主要对硬质合金涂层刀具进行介绍。硬质合金由难熔金属硬质化合物和金属黏结剂经粉末冶金方法制成,其硬度为 89～94HRA,远远高于高速钢;在 540℃时的硬度(82～87HRA)与高速钢常温时的硬度(83～86HRA)相当,同时具有化学稳定性好、耐热性高等优点。目前供使用的刀具材料品种虽然很多,新型的刀具材料也不断出现,但硬质合金仍是很受欢迎的一种刀具材料。据报道,有的国家 90% 以上的车刀、55% 以上的铣刀都采用硬质合金制造,而且这种趋势还在增加。同时,硬质合金还是制造钻头、端铣刀等通用刀具的常用材料。此外,加工硬齿面的中、大模数齿轮刀具和铰刀、立铣刀、拉刀等复杂刀具使用硬质合金的也日益增多。

我国常用的硬质合金为碳化钨(WC)基硬质合金。随着生产发展的需要,近些年来,又推出了碳化钛(TiC)基硬质合金、超细晶粒硬质合金、表面涂层硬质合金等新品种。

在刀具基体上涂覆一层或多层硬度高、耐磨性好的金属或非金属化合物薄膜(如 TiC、TiN、Al_2O_3 等)的涂层刀具,结合了基体高强度、高韧性和涂层高硬度、高耐磨性的优点,降低了刀具与工件之间的摩擦系数,提高了刀具的耐磨性而不降低基体的韧性。因此,涂层硬质合金具有高硬度和优良的耐磨性,延长了刀具的寿命,这是切削刀具发展的又一次革命。

2.1.1　高速钢涂层刀具简介

高速钢是含有钨、铬、钼、钒等合金元素较多的合金工具钢,其综合性能较好。热处理后硬度达 62～66HRC,抗弯强度约为 3.3GPa,耐热性达 600℃左右。高速钢的制造工艺简单,特别适用于制造结构复杂的成形刀具,如麻花钻、丝锥、铣刀、拉刀、螺纹刀具、切齿刀具等。高速钢可分为普通型高速钢、高生产率高速钢、粉末冶金型高速钢和涂层高速钢。普通型高速钢,如 W18Cr4V(18-4-1)具有较好的综合性能,其含钒量少,刃磨工艺好,淬火时过热倾向小,热处理控制较容易,其切削速度一般不高,切削普通钢材时为 40～60m/min;高生产率高速钢是指在普通型高速钢中增加 C、V 和添加 Co 或 Al 等合金元素的新钢种,常温硬度可达 67～70HRC,耐磨性和耐热性有显著的提高,能用于耐热钢、不锈钢和高强度钢的加工;粉末冶金型高速钢是将通过高压惰性气体或高压水雾化高速钢水而得到的细小的高速钢粉末,经过压制或热压成形,再经烧结而成的高速钢,目前我国对其使用处于实验研究阶段,还没有得到大规模的生产与使用。

高速钢涂层刀具的表面涂层采用物理气相沉积(PVD)法在高速钢基体上涂覆难熔金属化合物,涂层材料大多为 TiN,厚度约为 $2\mu m$。涂层表面结合牢固,呈金黄色,硬度可达 80HRC,有较高的热稳定性,与钢的摩擦系数较低。高速钢涂层刀具的切削力、切削温度约下降 25%,切削速度、进给量、刀具寿命显著提高,切削速度可提高 20%～40%,其可用于钻头、丝锥、车刀、成形铣刀和切齿刀具,使刀具使用寿命有不同程度的提高。高速钢涂层麻花钻、立铣刀等刀具应用最广,使用寿命提高显著,这些刀具经过重磨后,涂层仍起作用。而高速钢涂层车刀用得较少,其使用寿命的提高也不是最显著的。目前在国内高速钢涂层刀具的应用不够广泛,但是,它对于难加工材料的切削以及先进制造设备(如数控机床、加工中心),能发挥重要的作用。

2.1.2　硬质合金涂层刀具简介

硬质合金是用硬度和熔点很高的碳化物（WC、TiC 等）和金属黏结剂（Co、Mo等）通过粉末冶金工艺制成的。硬质合金的常温硬度达 89～94HRA，耐热性达800～1000℃，如果在合金中加入熔点更高的 NbC、TaC，那么可使耐热性提高到1000～1100℃，切削钢时，切削速度可达 200～300m/min。硬质合金是最常用的刀具材料之一，经常用于车刀和铣刀的制造，也可用于制造铰刀、拉刀和滚刀等，其刀具的寿命比高速钢刀具高几倍至几十倍。硬质合金可分为普通硬质合金，细晶粒、超细晶粒合金，钢结硬质合金和涂层硬质合金。普通硬质合金按其化学成分与使用性能又分为 K 类、P 类、M 类，其中 K 类是钨钴类，主要成分是 WC＋Co，代号为 YG，主要用于加工铸铁、非铁材料与非金属材料；P 类是钨钛钴类，主要成分为WC＋TiC＋Co，代号为 YT，主要用于加工以钢为代表的塑性材料；M 类是添加稀有金属碳化物类，主要成分为 WC＋TiC＋TaC＋Co，代号为 YW，这类合金加入了适量稀有的难熔金属碳化物，提高了合金的性能。细晶粒合金中由于硬质相和黏结相高度分散，增加了黏结面积，提高了黏结强度，可减少低速切削时产生的崩刃现象。超细晶粒合金主要用来制备高性能刀具，可以进行难加工材料的断续切削。钢结硬质合金是由 WC、TiC 作硬质相，高速钢作黏结相，通过粉末冶金工艺制成的，可用于制造模具、铣刀、拉刀等形状复杂的工具或刀具。

1. 硬质合金涂层刀具研究现状

1）涂层硬质合金

涂层硬质合金发展迅速，其产量大幅度增加，应用范围不断扩大，已成功应用于铣削等重要加工工具。目前涂层硬质合金刀具产量已占切削刀具总产量的一半以上，一些先进厂家的涂层刀具已占可转位刀具的 85％以上。

涂层硬质合金已由早期的 TiC(1969 年)、TiN(1971 年)、Al_2O_3(1972 年)等单层涂层发展到 TiC-TiN、TiCN-TiN 等双层涂层以及 TiC-TiN-Al_2O_3 等三层涂层，最多的可达 13 层涂层（如德国的 Widalon 刀具）。同时，涂层材质也有了新的发展，金刚石涂层、立方氮化硼涂层等超硬涂层及其他新涂层也已出现并得到应用，如日本住友电工硬质合金公司的非晶体金刚石涂层产品。当然，不同涂层的性能和特点也不相同，而对于不同的涂层，最好采用与其匹配的硬质合金基体，以便获得良好的使用性能。

瑞士 PLATIT 公司推出的最新涂层有 TiAlN 单层、TiAlN 多层、TiCN-MP(高韧性通用涂层)、MOVIC(MoS_2 基涂层)、CrN、TiAlCN、CBC(DLC，润滑涂层)、GRADVIC(TiAlCN＋CBC)、AlTiN、AlTiN-SiN 等。TiAlN-TiN 双层涂层刀具的微观结构如图 2-1 所示。

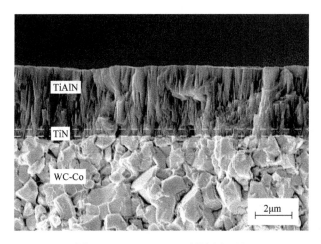

图 2-1　TiAlN-TiN 双层涂层刀具

20 世纪 90 年代中期开发成功的(Ti,Al)N 涂层硬质合金刀具对高速切削加工和高硬材料加工做出了重要贡献,但这些涂层在抗高温扩散性能、润滑性能等方面还不够理想。在此方面,日本成功研发了号称具有跨世纪水平的 CrSiN、TiSiN、TiBON 等新型刀具涂层材料。

日本的岛顺彦等开发了添加 B、O 元素的 TiBON 系列涂层材料,与(Ti,Al)N涂层相比,其涂层刀具的前刀面在高温下铁元素扩散极少,显示出优良的润滑性能,切屑不粘刀;在富氧氛围中使用 TiBON 涂层硬质合金刀具时,涂层的润滑效果更为显著,延长了刀具使用寿命,这是因为在富氧氛围中生成的氧化物具有良好的润滑性能。这种利用富氧氛围生成氧化物以消除或减少粘刀、延长刀具寿命和提高加工质量的方法适用于钛合金及 718 镍铬铁耐热合金的切削加工。在富氧氛围和不加冷却液条件下,用 TiBON 涂层硬质合金立铣刀加工 718 镍铬铁耐热合金时,取得了改善粘刀和减少刀具磨损的良好效果。

2) 涂层基体材料

在涂层基体方面,除各种专用涂层基体,日本、瑞典等国家还开发出带富钴层的涂层基体,从而明显地提高了涂层合金的强度和使用性能,扩大了涂层合金的应用范围。

改善涂层基体合金成分和组织有不同方法:其一是使基体表面形成梯度组织,即合金基体表面是一个实际上没有立方碳氮化物相的黏结相富集层,基体的成分(质量分数,下同)为 1.69% TiC、1.28% TiN、1.21% TaC、0.77% NbC、7.5%Co,其余为 WC;其二是采用富钨黏结相,多项专利表明,用于球墨铸铁及灰口铸铁,不锈钢和中、低合金钢的断续车削及铣削加工,以及上述材料的铸件、锻件、热轧及冷轧坯料表面加工的涂层刀具,其基体以采用高钨合金化的黏结相比较有利。加工铸钢、铸铁锻件时,基体不加 TiC,且 TaC＋NbC 的含量低于 2%,其中 NbC

含量低于 0.3%。加工球墨铸铁(包括断续车削)时,则用单一的 WC-Co 合金作基体。加工低合金钢及不锈钢(包括锻件及断续车削)时,则一般加入含量低于 3% 的 TiC 及 3% 左右的 TaC。

涂层与合金基体之间的结合强度是制约涂层刀具使用寿命的关键因素。涂层必须与合适的基体相结合才能达到预期的性能。例如,具有较高红硬性的耐磨基体通常为细晶低钴的碳化钨基合金,并通常加入少量的 TiC、TaC 和 NbC,使基体具有更高的抗变形能力。粗晶、高钴合金和通过热处理或添加 Ru、Zr 使黏结相性能得以改善的合金也具有较高的韧性。

为了尽可能防止由裂纹扩展导致的材料失效,并有利于获得高性能的硬质合金切削刀具材料,可对基体进行梯度处理,使涂层基体表面区域形成缺立方碳化物和碳氮化物的韧性区域,此区域的黏结剂含量高于涂层基体的名义黏结剂含量;当涂层中形成的裂纹扩展到该区域时,由于其良好的韧性,可以吸收裂纹扩展的能量,因而能够有效地阻止裂纹向合金内部扩展,提高硬质合金切削刀具的使用性能。目前,这种具有梯度结构基体的涂层刀具在我国已有研究,并已在部分硬质合金企业形成了产品。

2. 硬质合金涂层刀具的涂层方法、种类和工艺

1) 涂层方法

刀具的涂层方法有单涂层、多涂层、梯度涂层、软/硬复合涂层、纳米涂层、超硬薄膜涂层等,如图 2-2 所示。

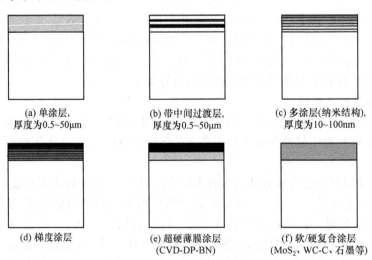

(a) 单涂层,　　　　　(b) 带中间过渡层,　　　　(c) 多涂层(纳米结构),
厚度为0.5~50μm　　　厚度为0.5~50μm　　　　厚度为10~100nm

(d) 梯度涂层　　　　　(e) 超硬薄膜涂层　　　　(f) 软/硬复合涂层
　　　　　　　　　　　(CVD-DP-BN)　　　　　(MoS₂、WC-C、石墨等)

图 2-2　典型的涂层结构

目前硬质合金刀具涂层的方法仍以化学气相沉积(CVD)法和物理气相沉积(PVD)法为主。图 2-3 为 CVD 和 PVD 涂层刀具中各种涂层材料所占的比例。这两种方法比较突出的问题是涂层与基体间的结合强度低,涂层容易剥落,这就使得涂层不能做得太厚,而涂层一旦被磨掉,刀具就会迅速磨损。近年来,已有一些新的涂层方法出现,如等离子辅助化学气相沉积(PACVD)、中温化学气相沉积(MTCVD)、溶胶-凝胶(Sol-Gel)法、高速氧-燃气热喷涂(HVOF)、真空阴极电弧沉积(VCAD)等方法。

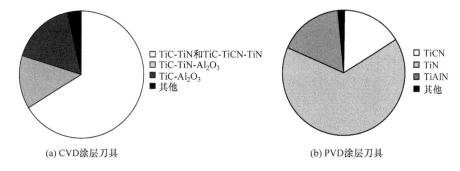

(a) CVD涂层刀具　　　　　　　　　　　　　(b) PVD涂层刀具

图 2-3　CVD 和 PVD 涂层刀具中各种成分所占的比例

在韧性较好的硬质合金基体上,通过 CVD、PVD、HVOF 等方法涂覆一层很薄的耐磨金属化合物,可使基体的强韧性与涂层的耐磨性相结合而提高硬质合金刀具的综合性能。

2) 涂层种类

自 20 世纪 70 年代以来,涂层材料已从单一涂层(TiC、TiN)经历了 TiC-TiN-Al_2O_3 多层涂层和 TiCN、TiAlN、AlTiN 等多元复合涂层发展阶段,发展到了 TiN-NbN、TiN-CN 等多元复合薄膜纳米涂层材料。近年还出现了金刚石涂层、立方氮化硼(CBN)涂层、软涂层(MoS_2、WS)以及硬软组合涂层,使涂层刀具切削性能大大提高。

硬质合金涂层种类从单一化合物涂层向多元复杂化合物涂层发展,涂层层数也从几层增加到十几层,而多元复合涂层、多元复合纳米涂层、金刚石涂层、CBN 涂层是未来涂层刀具的发展方向。

3) 涂层工艺

(1) 化学涂层。

CVD 涂层仍然是可转位刀具的主要涂层工艺,现今开发了中温 CVD、厚膜 Al_2O_3 和过渡层等新工艺,在基体材料改善的基础上,使 CVD 涂层的耐磨性和韧性都得到提高。CVD 金刚石涂层也不断取得进展,使涂层表面光洁度提高,并已进入了实用的阶段。目前,国外硬质合金可转位刀具的涂层比例已达 70% 以上。

CVD 的 Al_2O_3 涂层的工业产品大都呈织构组织。这种涂层刀具可用于各种金属材料的加工,如低碳钢、低合金钢、不锈钢、铸铁的车削、铣削和钻削加工。研发一种黏着力好、外表平滑、有一定厚度,并且内聚力好、组织缺陷少以及厚度均匀的细晶 Al_2O_3 涂层的工艺方法,是近十多年来 Al_2O_3 的 CVD 工艺开发重点之一。

CVD 工艺制备的多层陶瓷涂层可阻挡裂纹的扩展,提高刀具寿命,近年来发展较快。例如,山高刀具公司开发了 κ-Al_2O_3 与 α-Al_2O_3 相互交替的涂层刀具,如图 2-4 所示;瓦尔特刀具公司开发生产了氧化铝多层涂层刀具;肯纳金属公司开发了硬质合金基体 KC 系列 CVD 氧化铝多层涂层刀具。

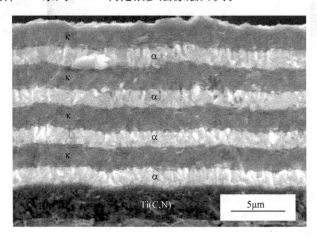

图 2-4   Ti(C,N)基 κ-Al_2O_3 与 α-Al_2O_3 相互交替的涂层刀具

采用等离子辅助化学气相沉积法(即 PACVD 法),在较低的沉积温度下可以获得 TiC 涂层、TiN 涂层和 Al_2O_3 涂层。这种工艺也可成功地用于沉积非绝缘涂层,如 TiC 涂层、TiN 涂层、TiCN 涂层和 TiAlN 涂层,以及 Zr、Hf、V、Nb、Ta、Cr、Mo、W 的碳化物或氮化物涂层。

目前硬质合金大多采用 CVD 法进行涂层。但此法的沉积温度高(900～1100℃),涂层与硬质合金基体之间容易形成一层脆性的脱碳层,导致刀具脆性破裂。近几年来,随着 CVD 涂层技术的进步,可通过改变涂覆时反应气体的种类、反应压力及温度等条件来改变涂层的结晶状态,使其成为须晶状结晶,以及采用高钴化的 TiCN 中间层涂层(富钴层有很好的韧性,如肯纳金属公司的 KC990 刀具及三菱公司的 UC6010 刀具都属于这一类),既提高了刀具的耐磨性,又增加了刀具韧性,可防止崩刃的发生。

(2) 物理涂层。

PVD 涂层的进展尤为引人注目,在炉子结构、工艺过程、自动控制等方面都取得了重大进展,不仅开发了适应高速切削、干切削、硬切削的耐热性更好的涂层,如超级 TiAlN 涂层,以及综合性能更好的 TiAlCN 通用涂层和 CBC(DLC)、W-C 减摩涂层,而且通过对涂层结构的创新,如开发纳米、多层结构,大大提高了涂层硬度和韧性。目前,最好的 PVD 工艺是双极脉冲双磁控溅射(DMS)工艺。图 2-5 为多功能 PVD 涂层设备工作原理示意图。

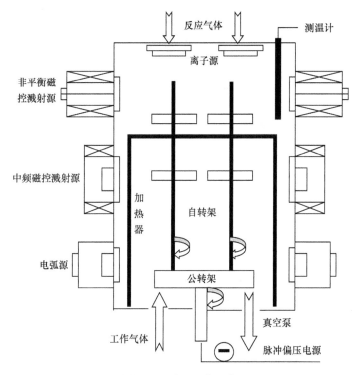

图 2-5　多功能 PVD 涂层设备工作原理示意图

　　图 2-6 为多功能 PVD 涂层设备照片。本设备具有非平衡磁控溅射离子镀、中频磁控溅射离子镀和电弧离子镀三种功能。单独的离子源可以用来辅助涂层的沉积,提高轰击粒子的能量以提高镀膜效果。基体的负偏压用脉冲偏压施加,以降低镀膜中基体的温度。镀膜时可以单种功能或者几种功能复合使用。

　　(3) 其他涂层新工艺。

　　涂层新工艺有等离子体化学气相沉积(PCVD)法和离子束辅助沉积(IBAD)法等。PCVD 法利用等离子体来促进化学反应,可将涂覆温度降至 600℃以下,使硬质合金基体与涂层材料之间不产生扩散、相变或交换反应,可保持刀具原有的韧性。目前,PCVD 法涂覆温度已降至 180～200℃,这种低温的工艺不会影响焊接部位的性能,因此可将其用来涂覆焊接式的硬质合金刀具。据报道,日本三菱公司在焊接式的硬质合金钻头上采用了 PCVD 涂层,结果加工钢料时的钻头寿命比高速钢钻头延长 10 倍,效率提高 5 倍。

图 2-6　多功能 PVD 涂层设备照片

3. 多元复合涂层材料的应用

在硬质涂层材料方面,工艺最成熟和应用最广泛的是 TiN 涂层。但 TiN 涂层与基体的结合强度不及 TiC 涂层,涂层易剥落,且硬度也不如 TiC 涂层高,在切削温度较高时膜层易氧化而被烧蚀,因此山特维克公司推荐用于加工钢料的 AC4000 系列牌号及日本东芝公司 T715ZX 和 T725X 涂层硬质合金牌号中均有 TiCN 涂层成分。TiCN 涂层刀具适于加工普通钢、合金钢、不锈钢和耐磨铸铁等材料,用于工件加工时切削效率可提高 2～3 倍。

TiAlN、CrC、CrN 是近几年来开发的硬质涂层新材料。TiAlN 涂层刀具已商品化,肯纳金属公司推出的 H7 刀具采用了 TiAlN 涂层,是专为高速铣削合金钢、高合金钢和不锈钢等高性能材料而设计的。CrC 和 CrN 是一种无钛涂层,适于切削钛和钛合金、铝以及其他软材料。

涂层材料中的 MoS_2 软涂层及 WC-C"中硬"润滑性涂层均是较为新颖的涂层材料,采用一种 $(Ti,Al)N+MoS_2$ 软涂层的硬质合金钻头干钻削灰铸铁发动机缸体上的深孔时,刀具寿命高达 1600min,而只涂 TiN 涂层或 TiCN 涂层的钻头,其寿命仅分别为 19.6min 和 44min。

超薄膜涂层工艺已日趋成熟。据报道,日本住友电工硬质合金公司推出了一种高速强力型钻头,它是在韧性好的 K 类硬质合金基体上交互涂覆 1000 层 TiN 和 AlN 超薄膜涂层,涂层厚度约 $2.5\mu m$。使用情况表明,该钻头的抗弯强度与断裂韧性大幅度提高,其硬度则与 CBN 涂层相当,刀具寿命可提高 2 倍左右。该公司还开发出 ZX 涂层立铣刀,超薄膜镀层数达 2000 层,每层厚度约 1nm,用该立铣刀加工 60HRC 的高硬度材料,刀具寿命远高于 TiCN 涂层刀具和 TiAlN 涂层刀具。

日本日立工具公司推出的 GM20、GM25 多层厚膜涂层刀具,其涂层工艺是在比普通 CVD 涂层稍低温度条件下(800～900℃)进行的,以形成耐磨性很高的柱状结晶,为了提高刀具的抗黏附性,再在刀具表面涂覆一层 Al_2O_3 膜。据称,这种镀膜的厚度大、韧性高,与基体结合紧密,抗崩刃性好,尤其适于断续切削,刀具寿命可比一般涂层刀具提高 1.5～2 倍。

肯纳金属公司在 KC9315 型刀具上涂有 $16\mu m$ 厚的厚涂层,这种刀具特别适于加工高强度铸铁(如球墨铸铁和蠕墨铸铁),切削速度可达 400m/min,并可在干切削条件和断续切削条件下使用。该刀具涂层共有三层,第一层为 Al_2O_3,第二层为 TiCN,最后一层为 TiN。

目前,金刚石薄膜涂层刀具的应用已进入实用阶段,它是在硬质合金基体(常用 K 类硬质合金)上采用 CVD 法沉积一层由多晶组成的膜状金刚石而成,常称为 CVD 金刚石刀具。据报道,美国和日本都相继推出了金刚石涂层的丝锥、钻头、立铣刀和带断屑槽可转位刀具(如山特维克公司的 CD1810 和肯纳金属公司的 KCD25)等产品。我国已掌握了金刚石薄膜涂层技术,有数家科研生产单位也能向用户提供 CVD 金刚石刀具的产品。

目前,涂层材质已有新的发展,不仅能制取多层涂层合金,而且成功地制取了金刚石、CBN 等超硬涂层。新型的涂层基体也在不断推出,具有梯度结构的硬质合金涂层基体使硬质合金涂层刀具性能进一步得到提高。硬质合金涂层方法以 CVD 和 PVD 为主,PACVD、MTCVD 和 Sol-Gel 等新方法值得进一步研究发展。

2.2　AlZrCrN 复合双梯度涂层刀具的设计及其制备

非平衡闭合场磁控溅射离子镀靶材及基体设计原理如图 2-7(a)所示。整个设计中,Ar 是溅射发生的媒介,也是等离子体的主要来源;N_2 是主要的反应气体。其中 Cr、Al、Zr 三种金属的含量由每种靶材产生的离子流密度来决定,而靶材的离子流密度主要由外加电流大小来控制。涂层生长速度受粒子轰击的影响最大,决定粒子轰击能量大小和密度的关键因素是基体偏压的大小。YT15 硬质合金基体上沉积 AlZrCrN 复合双梯度涂层的 von Mises 等效残余热应力云图如图 2-7(b)所示,可以看出,YT15 硬质合金基体上沉积 AlZrCrN 复合双梯度涂层的边缘残余热应力特别小,涂层的结合力相当好,作为高效切削刀具优势很大,抗磨性很强。

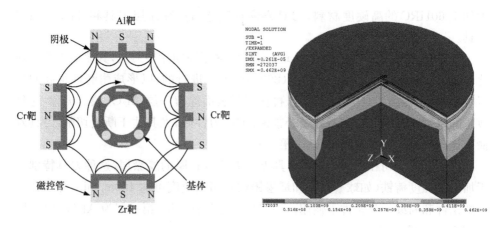

(a) 非平衡闭合场磁控溅射离子镀　　　(b) von Mises等效残余热应力云图(单位:Pa)
靶材及基体设计原理图

图 2-7　YT15 硬质合金基体上沉积 AlZrCrN 复合双梯度涂层的设计与等效残余热应力云图

　　研究表明,传统的涂层刀具在制备时均是先对刀具基体进行一系列的预处理,然后直接在刀具基体表面沉积涂层,这种方法所制备的涂层刀具的涂层与刀具基体之间的结合强度低,容易出现裂纹、破损脱落等缺陷,极大地影响涂层刀具的抗磨性能,缩短了其使用寿命。本书在对刀具进行预处理后在刀具基体上开设激光槽,之后进行涂层的沉积,所述的激光槽采用现有的激光打孔技术开设,通过这种方法制得的涂层刀具能够在涂层与刀具基体之间形成可以相互卡合的结构,而且由激光打孔所开设的激光槽的孔径能够达到微米级别,这样在受切削应力时,涂层与基体之间除了相互沉积所产生的能够起到保护作用的结合应力外,还会使涂层通过激光槽与刀具基体之间产生一个卡合力,从而使涂层与刀具基体之间的结合强度得到极大的提升,有效地减缓涂层刀具在切削过程中产生的切削磨损,延长涂层刀具的使用寿命。作为一种改进,对刀具基体进行预处理后,在刀具基体上开设激光槽,然后对刀具基体进行清洁处理,所述的清洁处理包括清除金属屑、去氧化层、超声清洗、干燥等步骤,之后开始在刀具基体上沉积涂层。

　　通过上述工艺制备的 AlZrCrN 复合双梯度涂层刀具,表面为合金氮化物 AlZrCrN 层,与基体之间有 Cr 过渡层、梯度 CrN 过渡层和梯度 AlZr 过渡层,以减小残余应力,增加涂层与刀具基体间的结合强度。图 2-8 为 AlZrCrN 复合双梯度涂层的结构示意图与界面 SEM 图。从界面 SEM 图中可以看出各涂层间的结合较好,达到了前期设计目的。

　　ZrN、AlN 等涂层直接与基体接触时,两者线膨胀系数的差别将在涂层与衬底

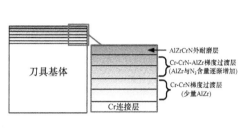

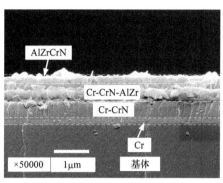

(a) AlZrCrN复合双梯度涂层结构示意图　　　　　　(b) AlZrCrN复合双梯度涂层的界面SEM图

图 2-8　AlZrCrN 复合双梯度涂层的结构示意图与界面 SEM 图

的界面产生极大的热应力,加上涂层结构的本征应力,将使涂层中存在很大的内应力,严重时会导致涂层从衬底表面拱曲或脱落。然而,双梯度复合涂层很好地解决了这个问题,从图 2-8 可以看出,经过多梯度复合涂层的设计,Cr 金属过渡层与基体的连接相当紧密,基体与涂层界面处形成良好的机械咬合。此过渡层解决了涂层中应力过大的问题,从而提高了涂层与基体的结合强度,增加了硬质防护涂层的使用寿命。

在图 2-8 中可以看到,由于 N_2 的逐渐通入,CrN 晶粒沿径向生长的速度比 Cr 层稍快,Cr-CrN 梯度过渡层虽然形态上与 Cr 过渡层有所差别,但是与 Cr 过渡层的结合依然十分紧密,因此从基体到 CrN 界面,在 SEM 图来看几乎是一个整体。随着 Al 靶和 Zr 靶的逐渐增加,AlZrCrN 梯度过渡层与基体的差异就逐渐明显,但是由于 CrN 过渡层的作用,AlZrCrN 梯度过渡层与 CrN 梯度过渡层之间还是有较好的连接,在形态上逐步向 AlZrCrN 硬涂层过渡。涂层最外层 AlZrCrN 耐磨层的形态与 Cr-CrN 层不同,Cr-CrN 层展现出一种长梳状的形态,主要起到外涂层与基体连接过渡的作用,而 AlZrCrN 外耐磨层展现出一种短粗状的形态,主要是起到切削加工过程中的耐磨作用。复合双梯度过渡涂层的作用是将外耐磨层与基体较好地结合在一起。

图 2-9 为 AlZrCrN 复合双梯度涂层的成膜机理与各层原子键的电势结构图。如图 2-9(a)所示,AlZrCrN 复合双梯度涂层的成膜在统计上是晶粒取向相互竞争的结果,即有最快生长速度且平行于涂层的生长方向的晶粒能存活下来,而其他晶粒被挤掉或淹没掉。在这种情况下,由于离子或粒子的轰击,具有特殊取向的晶粒被允许生长,而其他取向的晶粒由于离子或粒子选择性刻蚀或反溅射,生长被抑制。

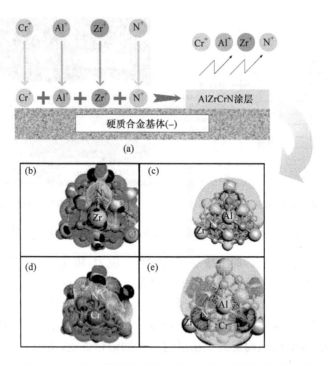

图 2-9　AlZrCrN 复合双梯度涂层的成膜机理与各层原子键的电势结构图

图 2-9(b)～(e)为 Zr—N 键、Al—N—Zr 键、Cr—N 键与 Al—Zr—Cr—N 键各原子键的电势结构图,可以看到,Al—N—Zr 键与 Al—Zr—Cr—N 键的空洞率明显高于 Cr—N 键与 Zr—N 键,也就是说,Al—N—Zr 键与 Al—Zr—Cr—N 键的成膜难度明显高于 Cr—N 键与 Zr—N 键,这一点从图 2-8 中复合双梯度涂层的界面 SEM 图也可以看出。这样,如果在基体上直接镀 AlZrCrN 单涂层,其成膜难度更大。采用复合双梯度涂层后,先对容易成膜的 Cr—N 键镀膜,以其梯度过渡,营造一种 Al—Zr—Cr—N 键易于成膜的环境,最终生成较为坚实的 AlZrCrN 外耐磨层。

总之,该刀具为采用非平衡闭合场磁控溅射离子镀法制备的双梯度复合涂层刀具,刀具表面为合金氮化物 AlZrCrN 层,与刀具基体之间有 Cr 过渡层、梯度 CrN 过渡层和梯度 AlZrCrN 过渡层,以减小残余应力,增加涂层与刀具基体间的结合强度。通过有限元模拟表明:不同类型的复合双梯度涂层制备后的涂层热残余应力明显小于 CrN 单涂层和 ZrN 单涂层,复合双梯度涂层的结合力明显好于单涂层。使用该硬质涂层刀具进行干切削时,可达到减小摩擦、阻止黏结、降低切削力和切削温度、减小刀具磨损的目的。在高速切削时,AlZrCrN 涂层刀具中的 Cr、Al 元素与空气中的 O 反应形成 Al_2O_3 和 Cr_2O_3 氧化膜,起到抑制氧化、耐磨及隔热作用,使更多的热量通过切屑带走,降低了刀具体温度。AlZrCrN 复合双梯度涂层刀具可广泛应用于干切削和难加工材料的切削加工以及有色金属的切削加工,利用其进行干切削是一种环境效益和经济效益俱佳的工艺选择,具有广阔的应用前景。

2.3　基于元胞自动机模型的复合刀具材料微观结构与力学性能的模拟及预测

在一个元胞自动机模型中,模拟空间被分解成有限的元胞,同时把时间离散化为一定间隔的时间步,每个元胞的所有可能状态也划分为有限分立的状态。每个元胞在前后时间步的状态转变按一定的演变规则来决定,这种转变随时间不断地对体系各元胞同步进行。

模拟空间被一定形式的网格划分为单元,它所具有的物理状态是系统有限数目状态中的一种状态。在网格中,元胞的状态依据一个局域规则进行演化,即在一个给定时间步的元胞状态由其自身及其近邻元胞下一时刻的状态所决定。对元胞自动机的定义也可以用如下的方式描述:

$$C_{t+1}(r)=f(\{C_t(i):i\in N(r)\}) \tag{2-1}$$

式中,$C_{t+1}(r)$表示元胞 r 在 $t+1$ 时刻的状态;f 代表一个转化函数,即元胞自动机的演化规则;$N(r)$表示元胞 r 的所有近邻,它由式(2-2)确定:

$$N(r)=\{i\in L:r-1\in N\} \tag{2-2}$$

式(2-1)表明,$t+1$ 时刻元胞 r 的状态由它的所有近邻元胞和它自己在 t 时刻的状态所决定。

元胞自动机的模拟空间中,任意一个元胞在 $t+\Delta t$ 时刻的状态表述如下:

$$X_{i,j}^{t+\Delta t}=f(X_{i-1,j}^t,X_{i+1,j}^t,X_{i,j}^t,X_{i,j-1}^t,X_{i,j+1}^t,\cdots) \tag{2-3}$$

式中,f 为 t 时刻元胞状态转化为 $t+\Delta t$ 时刻状态的函数关系,这就是该元胞自动机模型的演化规则。

按照表 2-1 所示的材料性能参数进行初始建模,按表 2-2 中各成分含量进行模拟。整个过程包含了离散化模拟空间、初始化格点、预设参数、确定演化规则、程序编写、模拟和结果分析等主要步骤。

表 2-1　ZrB₂-(W,Ti)C 复合材料中各种组分的性能参数

原料	密度/(g/cm³)	热膨胀系数/(10^{-6}℃$^{-1}$)	泊松比	弹性模量/GPa
ZrB₂	5.8	6.88	0.11	510
(W,Ti)C	9.49	5.58	0.2	570
ZrO₂	6.0	9.6	0.3	210

表 2-2　复合材料的成分

试样	(W,Ti)C/%	ZrB$_2$/%	ZrO$_2$/%
ZW0	0	92.2	7.8
ZW10	10	82.98	7.02
ZW20	20	73.76	6.24
ZW30	30	64.54	5.46
ZW40	40	55.32	4.68

注:表中数值为体积分数。

ZW 系列复合陶瓷材料微观结构的模拟如图 2-10 所示。从图中可以看出,随着(W,Ti)C 含量的增加,晶粒的形貌不断演化。晶粒不断缩小,晶界逐渐变得光滑、平直,晶粒数量不断上升,模拟区域内的晶界长度逐渐减小。晶粒形态从较大的细胞变为以三边交点为主的小细胞。对比来看,ZW30 的晶粒尺寸明显小于ZW10 的晶粒尺寸,而且分布比较均匀,主要是因为 ZW30 的配方中(W,Ti)C 加入的比例比较合理。

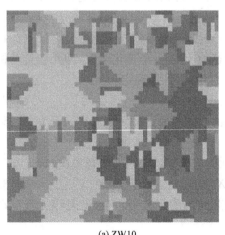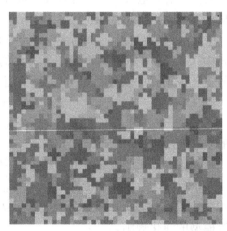

(a) ZW10　　　　　　　　　　　　　　　　(b) ZW30

图 2-10　ZW 系列复合陶瓷材料微观结构的模拟

图 2-11～图 2-13 分别是热压 ZW 系列复合陶瓷材料的相对密度、抗弯强度和断裂韧度随(W,Ti)C 含量变化的曲线。

从图 2-11～图 2-13 中可以看出,ZW30 复合陶瓷材料比 ZW10 复合陶瓷材料的相对密度、抗弯强度和断裂韧度分别提高了 14.5%、175.5% 和 111.4%,故晶粒组织演化的模拟可以为材料设计提供改善趋势,但是具体的最优值需要实验验证。

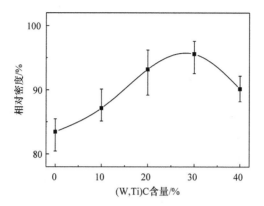

图 2-11　(W,Ti)C 的含量(体积分数)与相对密度的关系图

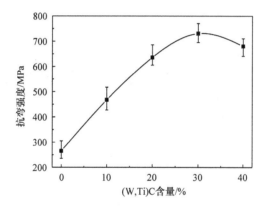

图 2-12　(W,Ti)C 的含量(体积分数)与抗弯强度的关系图

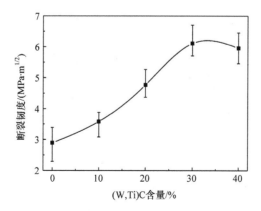

图 2-13　(W,Ti)C 的含量(体积分数)与断裂韧度的关系图

　　图 2-14 和图 2-15 分别为 ZW10 和 ZW30 复合陶瓷材料在烧结温度 1800℃、烧结压力 30MPa、保温时间 40min 下,烧结试样断口的 SEM 图。从图 2-14 可以看出,ZW10 的断裂模式主要为沿晶断裂,晶粒平均尺寸为 $10\mu m$,ZrB_2 晶粒在烧结过程中异常长大严重,而且本身的强度较弱,材料整体的性能不佳。从图 2-15 可以看出,ZW30 复合陶瓷材料的断裂模式为沿晶断裂和穿晶断裂的混合状态,晶粒平均尺寸为 $3\sim4\mu m$,(W,Ti)C 的合理添加抑制了 ZrB_2 晶粒在烧结过程中异常长大,ZW30 复合陶瓷材料晶粒之间的结合较为紧密,其晶界结合力比 ZW10 复合陶瓷材料显著增强。因此,材料在受到外力作用而断裂时,合理添加的(W,Ti)C 增韧与 ZrO_2 的相变增韧强化发挥了作用,使复合材料断裂需要更多的断裂能。

图 2-14　ZW10 复合陶瓷材料断口的 SEM 图

图 2-15　ZW30 复合陶瓷材料断口的 SEM 图

　　对比模拟图与实验图可以发现,晶粒的尺寸随模拟的变化规律与实际情况较为吻合,利用元胞自动机理论可以很好地模拟复合材料的微观组织演化,得到晶粒分布与微观组织的关系,对合理设计并选择制备工艺、有效节约实验成本、缩短实验周期、提高实验效率具有十分重要的意义。

2.4　基于扩展有限元的复合陶瓷材料多重增韧机制研究

为了提高陶瓷材料的断裂韧性、可靠度,改善材料抵御破坏的能力,将优化的多重增韧机制应用到氧化铝基陶瓷材料的开发中。相变增韧机制可以耗散部分能量,降低裂纹尖端处的应力集中程度,阻止或延缓裂纹扩展速率。当增强相分布较为合理,材料的致密度较高时,裂纹偏转与桥接增韧机制可以有效地削弱裂纹扩展动力,提高材料的断裂韧性。本节利用扩展有限元手段讨论裂纹扩展问题,为分析陶瓷基复合材料的多重增韧机制提供新思路。

图 2-16 为 AZ 系列复合陶瓷材料裂纹扩展 von Mises 应力分布情况。在图 2-16(a)中,最大应力值为 344.7MPa,出现在裂纹扩展末端(Node:7718);最小应力值为 2.466×10^{-3} MPa,出现在裂纹扩展初始阶段(Node:19)。在图 2-16(b)中,最大应力值为 283.1MPa,出现在裂纹扩展末端(Node:7718);最小应力值为 2.507×10^{-3} MPa,出现在裂纹扩展初始阶段(Node:19)。

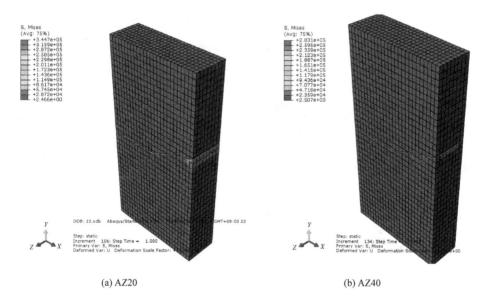

(a) AZ20　　　　　　　　　　　　　　　　(b) AZ40

图 2-16　AZ 系列复合陶瓷材料裂纹扩展 von Mises 应力分布(单位:kPa)
(ZrB_2-ZrO_2-Al_2O_3 复合材料,1700℃,30MPa,20min)

图 2-17 为 AZ 系列复合陶瓷材料裂纹扩展 von Mises 应力-应变曲线。从图中可以看出,同样应变的条件下,AZ20 复合陶瓷材料的应力高于 AZ40 复合陶瓷材料。研究表明,同样应变条件下,裂纹在陶瓷材料传播,当尖端的应力较高时,陶瓷材料吸收的裂纹扩展能量较多。这就说明 AZ20 复合陶瓷材料吸收裂纹传播能

量的能力要高于 AZ40 复合陶瓷材料,这也是 AZ20 复合陶瓷材料比 AZ40 复合陶瓷材料断裂韧性高的主要原因。

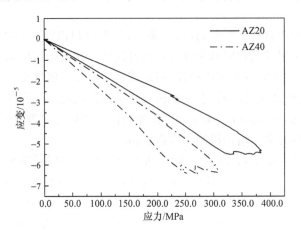

图 2-17　AZ 系列陶瓷材料裂纹扩展 von Mises 应力-应变曲线

图 2-18 是 AZ20 和 AZ40 自润滑复合陶瓷材料裂纹扩展的 SEM 图。

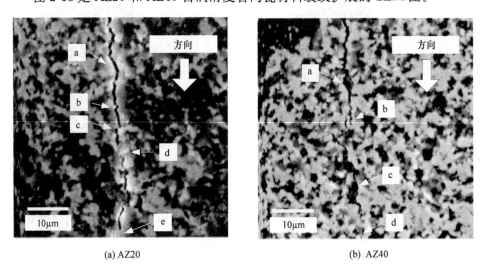

(a) AZ20　　　　　　　　　　　　　　　　(b) AZ40

图 2-18　AZ20 和 AZ40 自润滑复合陶瓷材料裂纹扩展的 SEM 图
(ZrB_2-ZrO_2-Al_2O_3 复合材料,1700℃,30MPa,20min)

对比图 2-18(a)和(b)可以看出,因为增强相的存在,AZ20 复合陶瓷材料中的裂纹扩展变得较为曲折,在扩展中发生了偏转,并且沿着扩展方向有一定程度的弯曲,裂纹经过增强相的弥散作用偏转后,裂纹裂口逐渐变得较为细小,这说明分布在基体晶粒周围的弥散相 ZrB_2-ZrO_2 颗粒对主裂纹起到较强的钉扎作用。从图 2-18(a)

中可以看出,裂纹穿越 a 点处的增强相颗粒时,发生了穿晶断裂,但穿越后裂纹逐渐变细,断裂能开始降低。当裂纹继续扩展至 b 点处的增强相颗粒时,发生了沿晶断裂,裂纹偏离了原来的传播方向,沿两相界面进行扩展延伸。当裂纹继续扩展至 c 点处的增强相颗粒时,同样发生沿晶断裂,于是裂纹会沿外力分切应力最大的方向继续传播。经过两次沿晶断裂,裂纹的偏转和绕过弥散小颗粒都会消耗裂纹扩展能,从而使复合材料韧性得到改善。当裂纹继续扩展至 d 点处时,出现了裂纹桥接现象,其示意图如图 2-19 所示。

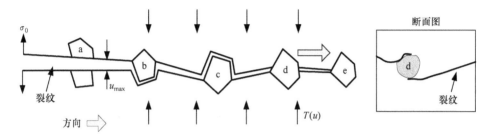

图 2-19　AZ20 复合陶瓷材料裂纹扩展的模型示意图
(ZrB_2-ZrO_2-Al_2O_3 复合材料,1700℃,30MPa,20min)

结合图 2-19,从图 2-18(a)中的 d 处可以看出,在裂纹扩展过程中,如果遇到某些钉扎作用较强的晶粒,其扩展路径会发生显著变化,而 d 晶粒的存在相当于在两个相对的裂纹面之间架了一座“桥”;随着裂纹的进一步扩展,两个相对裂纹之间距离的增大必将受晶粒的这种“架桥”作用的抑制,宏观上表现为提高了材料的裂纹扩展阻力。

第3章 干切削刀具磨损表面分形研究

3.1 刀具磨损表面的分形特性

3.1.1 分形维数在刀具磨损中的应用

切削刀具的磨损或破损不仅会导致工件表面质量差、生产率低、生产成本高、严重时还会造成机床的功能失效甚至整个系统故障。因此,在切削加工过程中对刀具磨损状态进行分析具有重要意义。在切削过程中,刀具磨损的原因是复杂的,既有机械摩擦的作用,又有切削力和切削温度作用下的物理、化学综合作用,国内外学者对此进行了大量研究工作。研究表明,刀具磨损具有非线性、随机性和耗散性。美国学者 Satish、Lakhtakia 等将混沌理论引入刀具颤振最优控制;英国学者 Myung、Jeong 等将分形理论应用于金属表面涂层技术研究。目前,除了传统的高速钢刀具外,硬质合金刀具、模具的应用也越来越广泛,应用于铝合金切削加工的刀具耐用度已达 $180\sim200\text{min}$(按已加工表面粗糙度达到 $R_a = 0.63\mu\text{m}$ 作为刀具失效标准)。为了更好地研究现代刀具的发展,拓宽分形理论的使用领域,开始有学者将分形理论引入刀具的磨损研究中。

自 Mandelbrot 等 1984 年在 *Nature* 上发表关于断口分形描述的论文以来,分形概念引起了金属研究工作者的注意,他们认为金属的断口可以用分形来描述,或者说金属脆性断口的表面结构具有分形结构的性质。

分形维数与传统上理解的整数维是在两个不同层次上的集合,考察一个分形体系,依传统的经验看就会出现奇异性、复杂性,但是用分形维数的概念去理解,得到的结果就是肯定的、普通的。奇异性、复杂性是由观测的角度不同而引起的。各种不同的分形维数是对集合划分不同层次的层次标号,它们从不同的角度对集合进行层次的划分。具有分形特性的系统是复杂系统,其复杂程度在一定程度上可以用非整数维即分形维数来描述。事实上,分形维数度量了系统填充空间的能力,它从测度论和对称理论方面刻画了系统的无序性,是描述复杂对象的最基本特征。在信号处理、地震预报、石油开采等方面,分形维数都具有其独特的含义和重要性。

实际测量分形维数的方法大致可以分为五类：①改变观测尺度求维数；②根据测度关系求维数；③根据相关函数求维数；④根据分布函数求维数；⑤根据频谱求维数。

3.1.2　白光干涉法在表面形貌测量中的应用

表面粗糙度是反映加工零件表面质量的一个重要参数，它是由加工方法产生的，是加工介质（如切削刀具、磨粒、电火花）留下的微观不平度。按照使用传感器的不同，表面粗糙度测量方法有接触法和非接触法。

目前广泛使用的机械触针式轮廓仪，虽然测量准确度高，但由于触针与工件表面接触，易划伤工件和磨损触针；同时，触针针尖的尺寸也限制了测量的空间分辨力。为了克服接触测量的这些缺点，近年来出现许多非接触测量表面粗糙度的方法，如光触针法、移相干涉法、共光路干涉法、光外差法、红外光散射法等。白光干涉法作为移相干涉法中的一种，具有其独特的优点：有效消除相位模糊误差，减少对测量范围以及被测样品表面粗糙度的限制，尤其适合大范围、高精度、不连续表面的测量，近年来国际上研究比较多，发展也相对比较成熟。

在利用白光干涉测量表面三维形貌的过程中，对于被测表面上某一点，为了定位其零光程差位置，必须采用某种扫描方式改变参考镜或者被测表面的位置，以此来获得该点光强变化的离散数据，然后依据白光干涉的典型特征来判别并提取最佳干涉位置。因此，这种方法称为扫描白光干涉测量法，简称白光干涉法。

图 3-1 为白光干涉仪架构图，图 3-2 为白光干涉测量原理图，光学系统可采用 Mirau 式干涉仪结构，只是在参考镜后安装有微驱动装置，而被测表面代替了另一个反射镜。测量时通过计算机控制微驱动装置的进给带动参考镜的进给，这样被测样本表面的不同高度平面就会逐渐进入干涉区，如果在充足的扫描范围内进给，被测样本表面的整个高度范围都可以通过最佳干涉位置。每步的干涉图样由图像传感器（CCD 摄像头）采集，视频信号通过图像采集卡转换成数字信号并存储于计算机内存中，利用与被测面对应的各像素点相关的干涉数据，基于白光干涉的典型特征，通过采用某种最佳干涉位置识别算法对干涉图样数据进行分析处理，提取出特征点位置（最佳干涉位置），进而就很容易得到各像素点的相对高度，这样便实现了对三维形貌的测量。

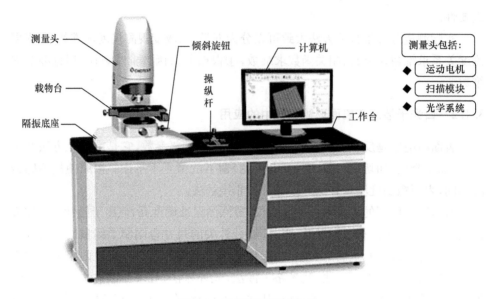

图 3-1 白光干涉仪架构图

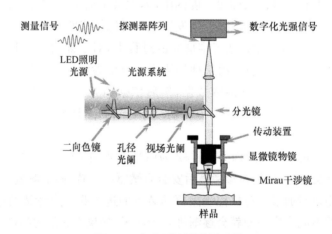

图 3-2 白光干涉测量原理图

由于传统干涉法存在局限性,当表面微观高度不连续性超过 1/4 窄带光源波长时,条纹的周期性会不易精确分辨,从而无法进行微观高度超过十几微米的大范围测量。而扫描白光干涉测量克服了传统窄带光相移干涉测量中测量范围小的不足:一方面由于零级条纹的特征相对其他级别条纹区别比较明显,所以易于辨别和定位;另一方面,由于零光程差附近光强呈非周期性,所以有效地消除了相模糊误差,减少了对测量范围的限制。

　　白光干涉法在机械加工中的表面粗糙度、纹路、波纹度、结构形状测量,切削工具磨损研究,先进表面处理技术检验,磨痕、刮痕、金属磨损等的量化分析等方面有着广泛应用。图 3-3 为白光干涉法测得的切削刀具磨损情况,图 3-4 为白光干涉法测得的飞行器部件的加速磨损情况。

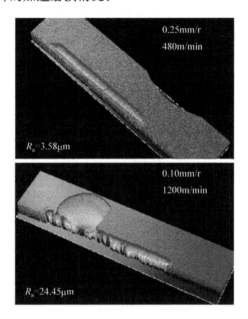

图 3-3　白光干涉法测得的切削刀具磨损情况

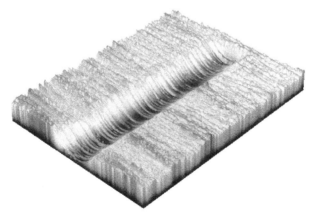

图 3-4　白光干涉法测得的飞行器部件的加速磨损情况

3.2 刀具磨损表面模型的建模研究

切削加工中刀具的磨损主要是前刀面的月牙洼磨损和后刀面的均匀磨损,如图 3-5 所示。前刀面月牙洼磨损的寿命判断依据主要包括月牙洼磨损深度 KT、月牙洼磨损宽度 KB 以及刀尖到月牙洼中心的距离 KM。

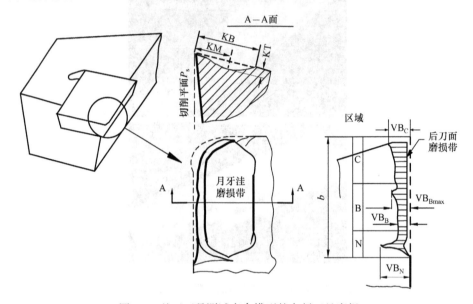

图 3-5　基于刀具测试寿命模型的车削刀具磨损

为了测量磨损方便,精确的后刀面均匀磨损及相关刀具寿命依据主要将切削刀具的磨损边缘分为三个区域:

(1) 区域 C,刀具拐角处切削边缘弯曲的部分;

(2) 区域 N,刀具拐角处距磨损切削边缘长度的 1/4;

(3) 区域 B,切削边缘区域 N 和区域 C 之间的部分。

后刀面均匀磨损最大宽度 VB_{Bmax} 和平均宽度 VB_B 是在区域 B 测量的,缺口磨损 VB_N 在区域 N 测量,这样在正常加工时,刀具的寿命标准如下:

(1) 如果在区域 B 的侧面磨损是规则的,那么后刀面磨损区域的平均宽度通常是 $VB_B = 0.3mm$;

(2) 如果在区域 B 的侧面磨损是不规则的,那么后刀面磨损区域的最大宽度 $VB_{Bmax} = 0.6mm$。

将马尔可夫链与灰色预测理论应用到刀具磨损模型建模,并合理地引入有限元分析代码,可以有效解决预期中涂层、复合干切削刀具磨损的建模难题。

通过分析与推导计算,考虑到切削刀具摩擦的流应变过程,有限元模拟中的流应变力 σ 可以较为完整地表达为

$$\sigma=(B\varepsilon^n)\left[1+C\ln\left(\frac{\dot{\varepsilon}}{1000}\right)\right]\left\{\frac{\theta_{\mathrm{m}}-\theta}{\theta_{\mathrm{m}}-\theta_{\mathrm{r}}}+a\exp[-0.00005(\theta-700)^2]\right\} \quad (3\text{-}1)$$

式中,$\dot{\varepsilon}$ 和 ε 分别为流应变率和流应变;θ 为温度;θ_{m} 为熔点;θ_{r} 为室温,一般为 $20℃$;B、C、n、a 为材料特性常数。

图 3-6 为切屑与工件接触网格点的有限元模拟速度云图。切屑和工件的分离区域主要位于节点 1 和节点 3 之间。在分离区以上的节点主要向切屑的方向移动,在分离区以下的节点主要向已加工表面的方向移动。

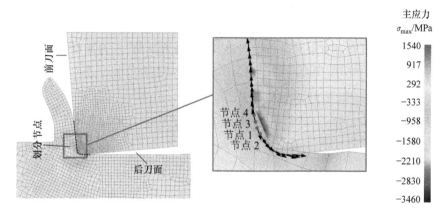

图 3-6　切屑与工件接触网格点的有限元速度模拟云图

刀具切削过程中节点的磨损率会随着切削时间不断变化。在刀具切入工件时,刀具节点的磨损在刀具和工件的接触下发生。节点的平均磨损率可以通过式(3-2)计算:

$$\overline{w}_{(i,j)}=\frac{\int_{t_0}^{t_0+Z}\dot{w}_{(i,j)}(t)\mathrm{d}t}{Z} \quad (3\text{-}2)$$

式中,$\overline{w}_{(i,j)}$ 为节点的平均磨损率;$\dot{w}_{(i,j)}(t)$ 为节点的瞬时磨损率;Z 为切削的周期;i 为节点编号;j 为切削周期的编号。

实际上,得到节点磨损率函数是一件较为困难的事情,但是通过切屑变形和热传导分析,能够得到切削过程中离散时间点的节点磨损率,所以可以根据式(3-3)计算出节点的平均磨损率:

$$\overline{w}_{(i,j)}=\frac{\sum_{k=1}^{n}(\dot{w}_{(i,j,k)}+\dot{w}_{(i,j,k+1)})\cdot(t_{k+1}-t_k)}{2Z} \quad (3\text{-}3)$$

式中,n 为整个切削分析周期平均分成的节点总数;k 为分析的时间点数。磨损率在每个时间点都做计算。

将节点离散计算同样应用到刀具的后刀面分析中,如果计算结果理想,就可以得到后刀面均匀磨损平均宽度 VB_B。这样就可以得到后刀面磨损率 w 与后刀面均匀磨损平均宽度 VB_B 的几何学关系,将无穷小时间定义为 dt,那么后刀面均匀磨损平均宽度 VB_B 可以表示为

$$\Delta VB_B = dl\tan\alpha + \frac{dl}{\tan\gamma} \approx \frac{dl}{\tan\gamma} = \frac{wdt}{\tan\gamma} \tag{3-4}$$

式中,α 为刀具的前角;γ 为刀具的后角;dl 为后刀面磨损的增量($=wdt$)。

将马尔可夫链与灰色预测理论应用到上述刀具磨损模型建模中,在仿真过程中通过得到的节点磨损值,叠加到原始刀具后不断更新切削刀具的前刀面和后刀面几何形状,从而通过有限元分析手段,成功预测刀具前、后刀面磨损。图 3-7 为自适应复合刀具干切削中刀具磨损模型图。

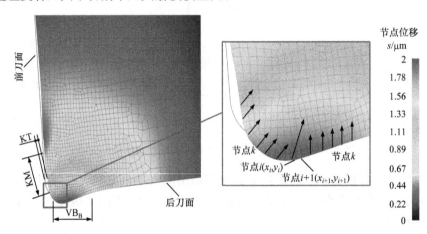

图 3-7　自适应复合刀具干切削中刀具磨损模型图

通过上述研究,对刀-屑接触区的切屑流及刀具磨损进行了较为深入的研究,在对建立从宏观到微观的涂层、复合干切削刀具的摩擦学自适应模型问题的研究方面取得了较好的进展。

3.3　刀具切削加工分形与切削力特性研究

为了研究切削参数对切削力及刀具磨损的影响,实验在 CA6140 车床上进行,主轴最大转速为 1400r/min,主电动机功率为 7.5kW。切削刀具采用日本住友电工硬质合金公司的 AC410K 硬质合金涂层刀具。工件材料为灰铸铁(242HBW),

直径为 $\phi 78$mm,采用同一均质材料。测力仪采用动态应变片式 DH5923 测力仪,配合 DHDAS-5923 动态信号采集分析软件,进行切削力的测量。

切削力测试系统原理图如图 3-8(a)所示,本系统包括测力仪、电荷放大器和数据采集系统三部分。

加工灰铸铁的实验现场图如图 3-8(b)所示。将测力仪代替车刀刀架固定在车床上,车刀装在测力仪上,将各数据线与计算机连接好。在车削的过程中,测力仪采集到的电信号经电荷放大器放大,再由数据采集系统记录、存储到计算机中,并用相关软件进行分析。

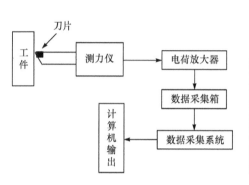 

(a) 切削力测试系统原理图　　　　　(b) 切削力测试实验现场图

图 3-8　切削力测试系统原理图及切削力测试实验现场图

在某切削参数实验完成后,将刀具卸下,利用万能工具显微镜观察后刀面的磨损情况,刀具失效判据为后刀面磨损平均宽度 $VB_B = 0.3$mm 或后刀面磨损最大宽度 $VB_{Bmax} = 0.6$mm,如发现刀具已失效,则更换新刀具重复进行该参数下的实验。切削实验结束后,利用扫描电子显微镜(SEM)对刀具的磨损形态及局部进行分析。

通过实验采集切削速度 $v_c = 41$m/min、进给量 $f = 0.286$mm/r、背吃刀量 $a_p = 1.5$mm 时涂层刀具在不同切削时间内的切削力信号,分析用分形理论处理切削力信号的可行性。

分形现象的显著性特征之一是以不同的空间尺度或不同的时间尺度去观察物体的自相似性,即在无标度区间内,表征自相似系统结构定量性质的分形维数不会因尺度的放大或缩小而变化。切削过程中,切削力信号在一定的尺度范围内通常具有明显的分形特征。图 3-9 是涂层刀具切削灰铸铁时,采集到的切削力随时间变化的信号曲线。

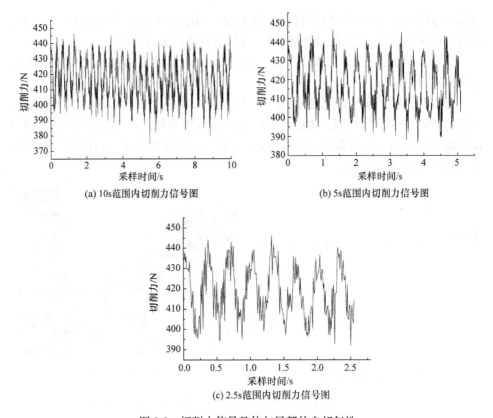

(a) 10s范围内切削力信号图　　　　　(b) 5s范围内切削力信号图

(c) 2.5s范围内切削力信号图

图 3-9　切削力信号整体与局部的自相似性

图 3-9(b)和(c)的数据来自图 3-9(a)的局部,比较图 3-9(a)～(c)中的高频部分和低频部分,除了高频部分显示出疏密不同外,低频部分很难看出三者之间的差别,清楚地表明此切削力信号的整体与局部具有自相似性。

从图 3-9 可知,切削力围绕一个基准值上下波动,这个基准值是切削力的平均值,即切削力的静态分量。切削力的动态分量是图中的波动部分。因此,此时对时域信号进行快速傅里叶变换(FFT),可以从频域上区分周期信号、准周期信号和随机信号。

由于周期信号的功率谱是离散的,包含基频 $f_0 = 1/T$ 及其谐波 $2/T, 3/T, 4/T, \cdots$,以及它的分频 $f_0/2, f_0/3, f_0/4, \cdots$。准周期信号的功率谱也是离散的,除了包含基频 $f_0, f_1, f_2, \cdots, f_f$ 外,还包含由非线性作用而产生的频率 $a_i f_i + b_j f_j$(a_i、b_j 为任意整数),因此其功率谱不像周期信号那样以等间隔的频率离散。而随机信号的功率谱是宽带的连续谱,对它进行特征分析可以得到信号波数与频率相对应的频谱。从频谱的观点来看,测定分形维数的尺度就是截止频率 ω。如果一个随机序列具有分形特征,则表明 ω 的变化不改变频谱的形状。因此,对于一个

随机序列信号,它的频谱 $S(\omega)$ 与截止频率 ω 之间有如下幂律关系:

$$S(\omega)\propto\omega^{-\beta} \tag{3-5}$$

式中,β 为功率谱指数。

考虑时间序列 $L(t)$ 的分形现象,它的标度率应为

$$L(t)\propto t^{\alpha} \tag{3-6}$$

式中,α 为标度指数,根据量纲分析,有

$$L^{2}(t)\propto\omega S(\omega) \tag{3-7}$$

推导可得

$$\beta=2\alpha+1 \tag{3-8}$$

拓扑维数为 1 的单变量时间序列的分形维数 $D=2-\alpha$,因此有

$$D=\frac{5-\beta}{2} \tag{3-9}$$

根据式(3-9),通过功率谱指数 β 可求得分形维数 D。

图 3-10 为加工灰铸铁主切削力信号图及相关 FFT 功率图。

从图 3-10(a)可以看出,主切削力信号图没有明显的频率峰值,属于随机性很强的信号。将此信号通过 FFT 频谱分析后得到功率频谱图 3-10(b)、双对数坐标下主切削力的 FFT 功率频谱图 3-10(c),对双对数坐标下主切削力的 FFT 功率频谱进行最小二乘法直线拟合求出图 3-10(d)中直线的斜率为 k,即功率谱指数 β,将其代入式(3-9)中,可求得此信号的分形维数 D。

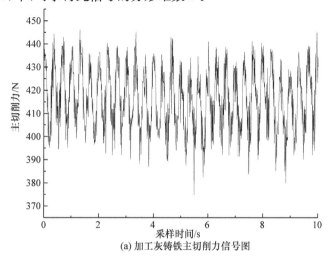

(a) 加工灰铸铁主切削力信号图

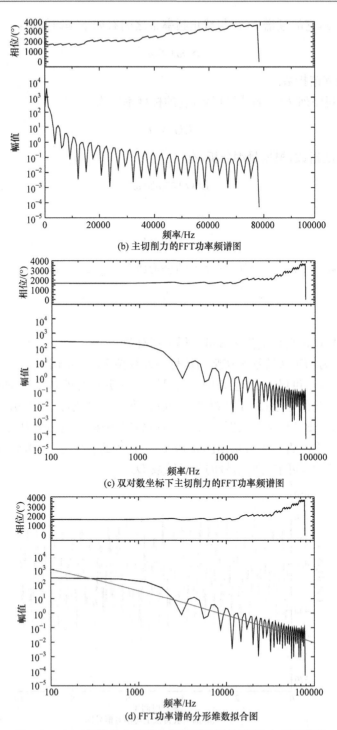

(b) 主切削力的FFT功率频谱图

(c) 双对数坐标下主切削力的FFT功率频谱图

(d) FFT功率谱的分形维数拟合图

图 3-10　加工灰铸铁主切削力信号图及相关 FFT 功率频谱图

图 3-11 为进给量对主切削力及其动态分量分形维数 D 的影响。固定切削速度 $v_c = 119\text{m/min}$ 和背吃刀量 $a_p = 0.75\text{mm}$,进给量 f 的取值分别为 0.1mm/r、0.15mm/r、0.2mm/r、0.24mm/r、0.26mm/r 和 0.28mm/r。

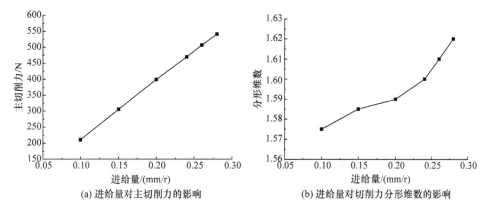

(a) 进给量对主切削力的影响　　　　　　　(b) 进给量对切削力分形维数的影响

图 3-11　进给量对主切削力及其动态分量分形维数的影响

从图 3-11 可以看出,随着进给量的增大,主切削力增大,其分形维数也逐渐增大,可见进给量对主切削力及其分形维数的影响较大。同时也说明,随着进给量的变化,切削力与切削力动态分量分形维数间具有一定的对应关系。

图 3-12 为背吃刀量对主切削力及其动态分量分形维数 D 的影响。固定进给量 $f = 0.2\text{mm/r}$ 和切削速度 $v_c = 119\text{m/min}$,背吃刀量 a_p 的取值分别为 0.75mm、1mm、1.25mm、1.5mm、1.75mm 和 2mm。

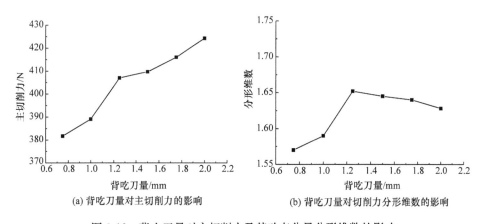

(a) 背吃刀量对主切削力的影响　　　　　　(b) 背吃刀量对切削力分形维数的影响

图 3-12　背吃刀量对主切削力及其动态分量分形维数的影响

从图 3-12 可以看出,背吃刀量对主切削力的影响较大,对切削力动态分量分形维数的影响也较明显。随着背吃刀量的增大,主切削力逐渐增大。当背吃刀量 $a_p > 1.25\text{mm}$ 时,主切削力增大幅度平稳,对应的切削力动态分量分形维数变小。

图 3-13 为硬质合金涂层刀具切削加工严重磨损后的 SEM 图与 EDX 能谱图。从图中可以看出,1 号区域为未磨损的涂层区域,经 EDX 能谱分析,涂层主要为含 Ti 和 Zr 的多涂层,通常是先在硬质合金上溅射一层 Zr 底,再溅射 TiN 涂层,这样可以减少涂层与基体的热膨胀系数的差别,提高基体与涂层的结合强度。2 号区域为涂层脱落后的基体成分。

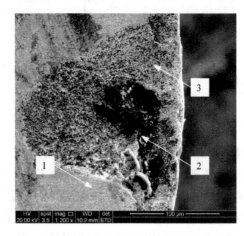

(a) 硬质合金涂层刀具磨损后的SEM图

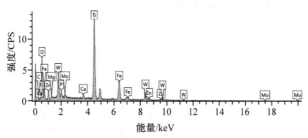

(b) 1号区域点扫描的EDX能谱图

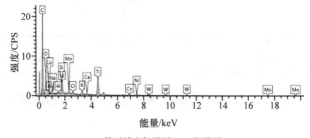

(c) 2号区域点扫描的EDX能谱图

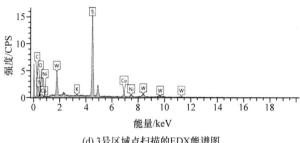

(d) 3 号区域点扫描的 EDX 能谱图

图 3-13   硬质合金涂层刀具磨损区的 SEM 图与 EDX 能谱图

切削加工灰铸铁的效率公式如下：

$$E = 1000 v_c a_p f \tag{3-10}$$

式中，E 为切削效率（mm^3/min）。

图 3-14 为根据刀具切削力经验公式及切削效率公式的计算结果绘制的曲线，图中实线为等效率曲线，虚线为等切削力曲线，拟合条件为进给量 $f = 0.153mm/r$。

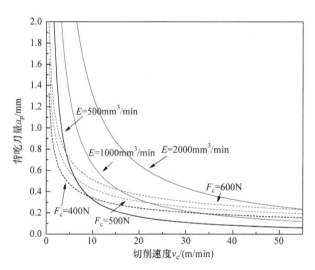

图 3-14   加工灰铸铁的等效率-切削力曲线

由图 3-14 可以看出，在切削效率不变的情况下，适当增加切削速度、减少背吃刀量可以得到较好的切削效果。$E = 1000mm^3/min$ 为比较合理的刀具切削效率。对于 AC410K 硬质合金涂层刀具，干切削状态下半精加工灰铸铁，考虑到分形维数的相关分析，建议合理的切削用量为：切削速度 $v_c = 45 \sim 55m/min$；背吃刀量 $a_p = 0.5 \sim 1.5mm$；进给量 $f = 0.1 \sim 0.2mm/r$。在建议切削参数下合理的刀具切削效率 $E = 1000mm^3/min$。

3.4　刀具磨损表面粗糙度的分形特性研究

　　将分形技术用在加工刀具表面磨损评价体系中,是一种新思路。此研究不仅局限于常规的后刀面磨损测量方法,而且还考虑到后刀面磨损后自身的表面粗糙度。刀具使用过程中,每次检测后刀面磨损时,除了常规的检测后刀面磨损平均宽度 VB_B 外,还要用白光干涉仪或粗糙度测试仪来检测后刀面磨损的粗糙度,不但可以判定刀具是否达到寿命($VB_B > 0.3mm$ 或 $VB_{Bmax} > 0.6mm$),而且可以根据测量得到的粗糙度做相关的分形处理,然后决定后续加工的切削参数,从而改善继续加工的工件精度,提高刀具的使用寿命,带来很高的经济效益。图 3-15 为白光干涉仪测量的后刀面磨损表面三维微形貌与尺寸图。

(a) 后刀面磨损表面三维微形貌图　　　　　　　(b) 后刀面磨损表面三维尺寸图

图 3-15　白光干涉仪测量的后刀面磨损表面三维微形貌与尺寸图

　　表面粗糙度的主要表征参数有轮廓算术平均偏差即表面粗糙度 R_a 和均方差,主要描述同样加工方式所获得同类表面的粗糙度。图 3-16 为不同条件下刀具磨损测量的微形貌在垂直距离上的平均尺寸变化。由于轮廓算术平均偏差 R_a 是最早提出来用于评定表面粗糙度的参数,也是被国际上绝大多数国家采用的参数,所以选用轮廓算术平均偏差 R_a 作以下分析:

$$R_a = \int_0^L |Z(x)| \, dx \tag{3-11}$$

将分形函数(1-20)代入式(3-11),则有

$$R_a = \int_0^L A^{(D-1)} \sum_{n=n_1}^{\infty} \frac{\cos(2\pi r^n x)}{r^{(2-D)n}} dx < A^{(D-1)} \sum_{n=n_1}^{\infty} \frac{1}{r^{(2-D)n}} \int_0^L |\cos(2\pi r^n x)| \, dx$$

$$= \frac{2(AL)^{(D-1)}}{\pi} \cdot \frac{1}{r^{(2-D)n}} \tag{3-12}$$

通过理论分析,找出分形维数 D、特征长度 A 与表面粗糙度 R_a 的关系为

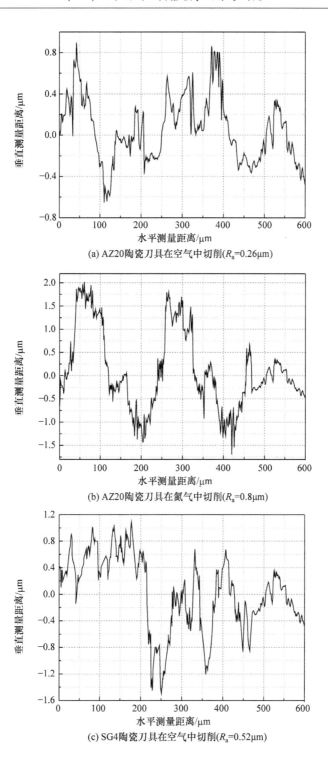

(a) AZ20陶瓷刀具在空气中切削(R_a=0.26μm)

(b) AZ20陶瓷刀具在氮气中切削(R_a=0.8μm)

(c) SG4陶瓷刀具在空气中切削(R_a=0.52μm)

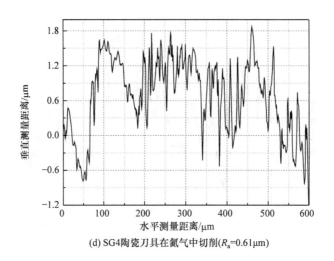

(d) SG4陶瓷刀具在氮气中切削(R_a=0.61μm)

图 3-16　不同条件下刀具磨损测量的微形貌在垂直方向上的平均尺寸变化

$$R_a \propto (AL)^{(D-1)} \tag{3-13}$$

由式(3-13)可知,表面粗糙度 R_a 与分形维数 D 存在幂指数关系,表面粗糙度 R_a 随分形维数 D 增大而下降,随 D 减小而上升,而当分形维数 D 固定不变时(1<D<2),表面粗糙度 R_a 与特征长度 A 呈单调递增关系,即 R_a 随 A 增大而上升,随 A 减小而降低。所以,分形维数 D 和特征长度 A 是独立于采样长度 L 的量,是粗糙表面所具有的特有性质。

图 3-17 为不同条件下刀具磨损的表面粗糙度拟合的分形维数。研究表明:当切削速度提高时,切削工件的表面更加精细,同时减小了表面轮廓的波动周期,细微成分增多,后刀面的分形维数就随着转速增大而提高;当切深减小时,切削加工

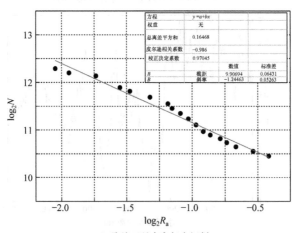

(a) AZ20陶瓷刀具在空气中切削(D=1.25)

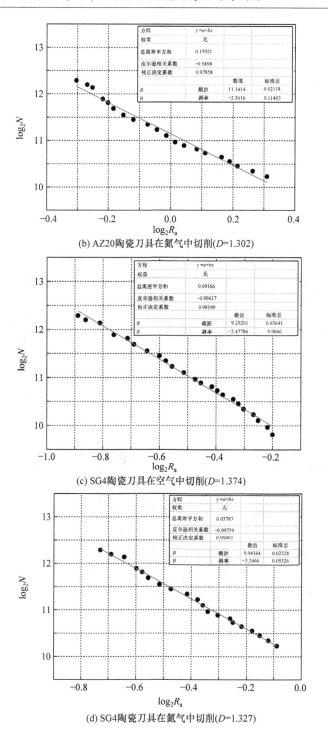

(b) AZ20陶瓷刀具在氮气中切削($D=1.302$)

(c) SG4陶瓷刀具在空气中切削($D=1.374$)

(d) SG4陶瓷刀具在氮气中切削($D=1.327$)

图 3-17 不同条件下刀具磨损的表面粗糙度拟合的分形维数

表面的纹理变得细腻,更为平滑,空间填充能力增强,后刀面的分形维数也随之增大;切削时刀具痕迹在加工表面占据主要因素,切削进给量的增加,使轮廓波形的周期变长,轮廓信号的低频成分增多,切削加工表面变得粗糙,所以导致后刀面磨损的分形维数随着进给量增大而降低。每种刀具适合切削的最佳后刀面磨损的分形维数并不相同,它与加工工件的材料关系比较密切。一般来说,后刀面磨损后的分形维数越大,磨损纹理越细腻,表面粗糙度越低,更为理想,但是这种情况下有时刀具磨损会比较快。所以,可以根据实际切削加工工时要求、加工工件的精度要求和刀具寿命要求提出合理的分形维数要求,能够最大限度地发挥刀具的使用寿命,并提高加工工件表面质量。

图 3-18 为 AZ20 陶瓷刀具在空气中切削 45 号正火钢时后刀面的 SEM 图和 O、Zr、B、Fe、Al 元素分布的 EDX 面扫描图。切削条件为:切削速度 $v_c = 160 \text{m/min}$;背吃刀量 $a_p = 0.2 \text{mm}$;进给量 $f = 0.1 \text{mm/r}$。

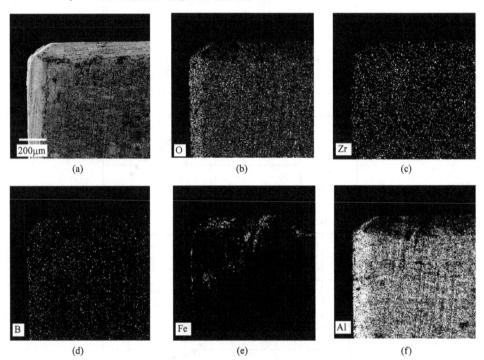

图 3-18　AZ20 陶瓷刀具在空气中切削 45 号正火钢时后刀面的 SEM 图和 O、Zr、B、Fe、Al 元素分布的 EDX 面扫描图

从图 3-18 可以看出,在空气中切削时,后刀面的磨损较为均匀,没有微破损特征出现。根据 EDX 面扫描图可知,在后刀面的左上侧,有 ZrO_2 和 B_2O_3 生成,它们可以有效防止黏结磨损,不易发生崩刃的情况,且切削力和摩擦系数较其他区域小。

第4章 车削加工分形研究

4.1 涂层刀具车削加工分形研究

采用有限元法模拟切削加工过程可以获得切削实验难以直接测量的状态变量,如刀具的应力分布和切削温度等,而且耗时短、成本低。本章利用有限元软件DEFORM-2D分别模拟多涂层刀具(TiC-TiCN-Al$_2$O$_3$)和单涂层刀具(TiCN)在干切削(无润滑)条件下的切削性能,对比分析切削力、刀具应力和切削温度的分布及变化情况。DEFORM-2D的仿真流程分三个阶段:前处理阶段、模拟求解阶段和后处理阶段。其中前处理阶段的工作主要包括确定工件材料模型、刀具系统、切削条件、网格的初始划分和设定刀-屑接触面的相关参数等。后处理阶段主要是对有限元计算产生的结果数据,包括对切削过程中应力场、温度场和应变场的计算结果进行显示与分析。

有限元软件DEFORM-2D提供了详尽的材料库系统,包括工件材料、刀具基体材料和涂层材料等,并根据工件的材料模型划分塑性、弹塑性等种类。但该软件并未包含目前全部工程材料,如灰铸铁材料等,针对此情况,用户可以通过实验来获取材料的物理特性,如泊松比、热膨胀系数、热导率、温度等参数特性,然后选择合适的材料模型创建新材料。限于当前的实验条件,本章选择工件材料AISI-1030钢代替灰铸铁进行不同涂层刀具的车削仿真模拟。另外,DEFORM-2D提供了网格自适应划分生成器,可以根据刀具和工件材料形状及实际条件对网格进行划分,在精度要求较高的部位,网格结构划分更为细密,使仿真的结果精度更接近实际结果,进一步提高计算效率。

4.1.1 切削过程有限元仿真

1. 刀具、工件几何模型的建立

在切削加工的有限元模拟中,为了得到一些结果如切削力、刀具应力和切削温度的变化规律,通常对计算量大的三维模型进行简化,即将复杂的三维切削简化为二维直角切削。从主运动方向看,工件材料的截面在平行于基面的平面上是一个矩形面。从背吃刀量的方向上看,仅有一条切削刃参与切削,并且切削刃上的各个点都是等效的。因此,可以将三维的六面体单元简化为四边形平面单元来处理,即

实现了复杂的三维问题向简单的二维问题的转化。通过对 DEFORM-2D 有限元模拟仿真技术的研究,结合实际的切削加工过程,作出以下几个方面的假设:

(1) 工件材料是均匀的,即其模型为各向同性;

(2) 刀具为刚性体(不考虑刀具的变形问题),工件材料为弹塑性体;

(3) 工件的下表面施加全约束,刀具按既定的加工路径进行切削加工;

(4) 忽略在切削加工进行中工件材料可能出现的相变及其他化学变化;

(5) 刀具和工件与周围介质之间不存在热交换;

(6) 忽略切削液对切削加工过程的影响。

2. 参数的设置

1) 摩擦模型

在金属切削加工过程中,刀具前刀面与切屑、刀具后刀面与工件已加工表面之间都会发生摩擦作用,产生的切削热将对刀具寿命和工件表面的加工质量有直接的影响。其中,刀具前刀面与切屑之间的摩擦是最主要的,因为它是影响切削力、切削热和刀具应力产生的主要因素,同时这个摩擦过程是非常复杂的。因此,正确理解刀具前刀面的摩擦问题,建立合理的摩擦模型是切削加工过程精确模拟实现的必要因素之一。

由于金属在被切削过程中,在切屑与刀具前刀面之间会产生高温高压作用,所以切屑与刀具前刀面会发生黏结现象。将刀具前刀面与切屑之间的摩擦分为两个区域,即黏结区域为内摩擦、滑动区域为外摩擦,如图 4-1 所示。

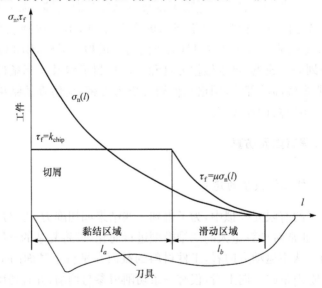

图 4-1　切屑与前刀面摩擦示意图

图 4-1 中,在 $0 < l \leqslant l_a$ 部分为黏结区域,摩擦剪应力 τ_f 等于材料的剪切流动应力 k_{chip},刀-屑接触面上的最大正应力 σ_n 发生在刀尖处,则此区域的摩擦系数 $\mu(l)$ 可以定义为

$$\mu(l) = \frac{k_{chip}}{\sigma_n(l)} \tag{4-1}$$

在 $l_a < l \leqslant l_a + l_b$ 部分为滑动区域,摩擦剪应力服从库伦摩擦定律,则此区域的摩擦系数可以定义为

$$\mu(l) = \mu \tag{4-2}$$

然而出现了一个问题,就是在实际设置中不容易直接确定 l_a 和 l_b 的长度,但是这两个区域都与刀-屑接触面上的正应力 $\sigma_n(l)$ 的分布有关。因此,规定摩擦系数为正应力的函数,即

$$\mu(l) = \begin{cases} \dfrac{k_{chip}}{\sigma_n(l)}, & \sigma_n(l) \geqslant \sigma_0 \\ \mu, & \sigma_n(l) < \sigma_0 \end{cases} \tag{4-3}$$

式中,σ_0 为剪切摩擦与库伦摩擦转换的临界正应力,即 $\sigma_0 = \dfrac{k_{chip}}{\mu}$。

由常摩擦应力的模型可知

$$\tau_f = k_{chip} = m\tau_s = m \cdot \frac{\bar{\sigma}}{\sqrt{3}} \tag{4-4}$$

式中,τ_s 为工件的剪切强度;$\bar{\sigma}$ 为工件表面上节点周围各个单元的平均等效应力;m 为摩擦因子,一般 $0 \leqslant m \leqslant 1$,当 m 取 1 时,刀具前刀面与切屑之间的最大摩擦剪切应力可表示为

$$\tau_{fmax} = \frac{\bar{\sigma}}{\sqrt{3}} \tag{4-5}$$

因此,可以通过比较不同接触点处的摩擦剪应力与最大摩擦剪应力的大小,来判断节点是否位于黏结区域。如果 $\tau_f > \tau_{fmax}$,那么单元的该节点位于黏结区域,相反则位于滑动区域。另外,在进行切削加工模拟的摩擦设置时,应注意刀-屑接触面的刚度与垂直于接触面的接触单元刚度应具有同样的数量级,因为当数量级相差过大时,接触压力会变大,刀、屑之间可能会发生不可接受的相互渗透现象,导致计算结果错误。因此,可以采用罚函数法结合减小时间步或增大单元接触刚度进行求解计算。

2) 切屑的分离标准

金属的切削加工是一个被加工材料不断产生分离的过程,因此切屑分离标准的合理选择对成功实现切削加工模拟是非常重要的。在选择切屑分离标准时必须考虑两个方面:一是它能够真实反映被加工材料的力学性能和物理性能;二是在切

削材料确定后,它的临界值不能随着切削条件的变化而变化。目前切削加工有限元模拟中应用的切屑分离标准主要分为两种类型:几何分离标准和物理分离标准。

几何分离标准主要基于刀尖与刀尖前单元节点之间的距离变化来判断是否分离。当在预定义的加工路径上,随着刀具的前进,该距离小于某个临界值时,两个单元通过网格的重划分并沿着预定义的加工路径实现分离,如图 4-2 所示。

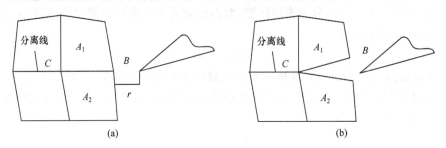

图 4-2　几何分离标准示意图

在工件的切削层和工件层之间预先定义一条分离线,临界值定义为 R,刀尖与节点 B 间的距离定义为 r。当 r 小于或等于临界值 R 时,通过网格重划分,两个单元 A_1 和 A_2 沿着预定义的分离线 BC 实现分离,如图 4-2(b)所示。由于切屑分离是一个连续快速的过程,当刀尖接近分离线上的节点时,希望切屑与工件马上分离,所以临界值 R 要适当小些。Zhang 和 Bagchi 推荐 R 值应取 $(0.01 \sim 0.03)L$,其中 L 为单元长度。几何分离标准的模型很简单,判断起来容易,但是它不是基于刀、屑分离的物理条件,很难找到一个通用的临界值 R,以满足切削加工中不同的材料和加工工艺。

在切削加工的有限元模拟中使用物理分离标准会更接近实际情况。物理分离标准主要是基于刀尖前单元节点的物理量(如应力、应变、应变能等)的值是否超过给定材料相应物理量的值而建立的。为了在通用有限元软件 DEFORM 中实现加工模拟,人们提出了一种失效应力的物理分离标准,可以表示为

$$\left(\frac{|\sigma_n|}{\sigma_s}\right)^2 + \left(\frac{|\tau_n|}{\tau_s}\right)^2 \geqslant 1 \tag{4-6}$$

式中,σ_n 和 τ_n 分别为工件和切屑分界面处的正应力和剪切应力;σ_s 和 τ_s 分别为工件材料的正应力和剪切应力的临界值。

在切削加工时,随着刀具沿预定切削路径前进,σ_n 和 τ_n 不断发生变化,当满足式(4-6)时,切屑实现分离。本书采用 DEFORM-2D 默认的分离准则,即节点承受的拉伸应力超过压缩应力的 10% 时,该节点处发生分离。

3) 工件与刀具干涉判据

工件材料单元的边界一般是线性边界或二次边界,而刀具的边界形状各有不同,并且刀具圆角处的有限元网格不够致密,这样工件单元的边界可能无法很好

地贴近刀具表面。另外,刀具表面与工件边界
的相对运动也会使工件边界中某一单元的边可
能进入刀具内部,如图 4-3 所示,这种情况称为
工件边界网格与刀具表面发生干涉。这种干涉
的程度继续增加,会使模拟系统的计算精度
降低。

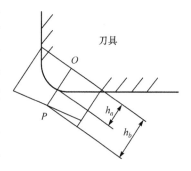

图 4-3　边界干涉判据示意图

在图 4-3 中,设点 O 是单元的干涉边界中
点,点 P 是单元的干涉边界对边的中点,h_a 为
OP 连线上点 O 到刀具表面的距离,h_b 为点 O 与
点 P 间的距离。定义干涉判据公式为

$$\frac{h_a}{h_b} \geqslant C \tag{4-7}$$

式中,C 是用户自定义的判据常数,一般取值为 0.01。当满足式(4-7)时,可以认
为单元边界网格和刀具表面间发生干涉现象,此时可进行网格的调整或重划分。

4) 材料模型

在对切削加工过程模拟前,必须获得工件材料在实际切削过程中随温度、应
变、应变率变化的流动应力数据,而且这些数据必须能够反映材料在高温、大应变
和高应变率下的本构行为,即建立材料的本构模型。通常反映材料力学性能的本
构模型有多种,应用比较多的有 Maekawa 模型、Oxley 模型、Johnson-Cook 模型、
Zerilli-Armstrong 模型、Bamman 模型等。不同的材料本构模型具有不同的特点,
以适应不同的物理条件。

DEFORM 常用的材料本构模型有两种:经验本构模型(Johnson-Cook 模型)
和以物理意义为基础的本构模型(Zerilli-Armstrong 模型)。由于 Johnson-Cook
模型是一种理想的刚塑性强化模型,它不仅能反映材料在高应变率下的应变硬化,
也能反映材料的热软化效应,另外此模型还能够进行参数设置,通过软件进行参数
拟合,因此成为切削过程仿真模拟的首选模型。Johnson-Cook 模型的数学描述
如下:

$$\sigma = (A + B\varepsilon^n)\left(1 + C\ln\frac{\dot{\varepsilon}}{\dot{\varepsilon}_0}\right)\left[1 - \left(\frac{T - T_r}{T_m - T_r}\right)^m\right] \tag{4-8}$$

式中,σ 为等效流动应力(MPa);A 为材料的初始屈服应力(MPa);B 为材料硬化
常数(MPa);n 为材料硬化指数;C 为材料应变率常数;m 为材料热软化指数;$\dot{\varepsilon}_0$ 为
材料参考应变率(s^{-1});T_m 为材料熔化温度(℃);T_r 为参考温度(℃)。

设定切削条件如表 4-1 所示。

表 4-1　切削加工模拟基本条件

切削速度 v_c/(m/min)	进给量 f/(mm/r)	背吃刀量 a_p/mm	刀具前角 γ_0/(°)	刀具后角 α_0/(°)
80	0.1	0.4		
100	0.15	0.6		
120	0.2	0.75	15	8
140	0.24	1		

刀具基体材料为硬质合金 WC,涂层材料为 TiC、TiCN 和 Al_2O_3,工件材料为 AISI-1030 钢,基本物理属性分别如表 4-2~表 4-4 所示。

表 4-2　刀具基体硬质合金 WC 的物理属性

弹性模量 /(10^5MPa)	泊松比	热膨胀系数 /(10^{-6}℃$^{-1}$)	热导率 /(W/(m·℃))	热容 /(N/(mm^2·℃))
6.5	0.25	5	59	15

表 4-3　涂层材料的物理属性

涂层种类	硬度(HV)	泊松比	弹性模量 /(10^5MPa)	热导率 /(418.68W/(m·K))	热膨胀系数 /(10^{-6}℃$^{-1}$)	摩擦系数
TiC	2900~3800	0.19	3.2~4.6	0.04~0.06	7.4~7.8	0.25
TiCN	2800~3000	0.22	5.1	0.07~0.08	8.1~9.4	0.34
Al_2O_3	2300~2700	0.26	4.0	0.07	6~9	0.15

表 4-4　AISI-1030 钢的物理属性

弹性模量 /(10^5MPa)	泊松比	热膨胀系数 /(10^{-5}℃$^{-1}$)	热导率 /(W/(m·K))	热容 /(N/(mm^2·℃))
2.12	0.3	1.19	46.79	3.354

多涂层刀具的涂层从内到外依次为 TiC、TiCN、Al_2O_3,厚度分别为 $2\mu m$、$5\mu m$、$3\mu m$,如图 4-4(a)所示。单涂层刀具的涂层为 TiCN,厚度为 $5\mu m$,如图 4-4(b)所示。在 DEFORM-2D 的 Machining-2D 模块中,设置工件材料模型为弹塑性模型。

3. 网格的划分

在对切削加工过程进行有限元模拟仿真时,随着变形程度的增大,一方面工件上最初划分的网格会逐渐畸变;另一方面,网格与刀具、夹具的约束情况也发生变化,一些原来与边界接触的节点发生脱离成为自由节点,一些原来不与边界接触的

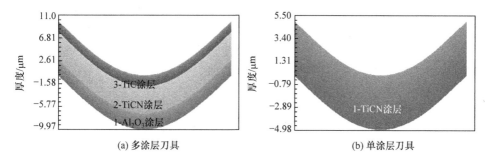

图 4-4 刀具涂层的设置

自由节点会成为边界接触节点。网格不同程度的畸变会引起计算困难和精度下降等问题。为了解决这些问题,网格变形到一定程度后,必须停止计算,需要对网格进行重划分,再继续计算。由于切削加工过程是一个连续动态的过程,网格重划分在计算过程中进行,所以这个处理过程需要三个步骤:①判断网格应该何时重划分,即建立网格重划分的判别准则;②在旧网格定义的工件构形下进行网格重划分,同时在当前的工件轮廓内生成合理的新网格系统;③将旧网格内部的模拟信息(如应变、温度场、接触信息等)转换给新网格。下面着重介绍网格重划分的判别准则。

目前,网格重划分的判据有很多,如几何判据、单元比判据、畸变参数判据、应变梯度判据等。在切削加工的有限元模拟中,主要采用的判据是几何判据中的工件与刀具干涉判据和网格畸变判据,这两条判据应用方便简单,基本上能够满足塑性加工有限元模拟的精度要求。

4. 网格畸变判据

网格畸变判据体现在单元的内角变化和单元边长间的关系,主要由单元雅可比矩阵行列式的值来决定,这是因为等参单元的坐标变换、积分变换和单元体积的计算等都与雅可比矩阵行列式的值(此值大于零)有直接的关系。在二维问题的分析中,以四节点四边形单元为例来说明网格畸变的判据,如图 4-5 所示。在四节点四边形的等参单元中,整体坐标系下的单元用局部坐标来定义。因此,就要进行两者坐标之间的变换,这涉及单元内各点整体坐标与局部坐标的一一对应关系。

如图 4-5 所示,给出单元内任意一点的整体坐标与局部坐标的变换公式为

$$\begin{cases} x = \sum_{i=1}^{4} N_i(\varepsilon,\mu) x_i \\ y = \sum_{i=1}^{4} N_i(\varepsilon,\mu) y_i \end{cases} \tag{4-9}$$

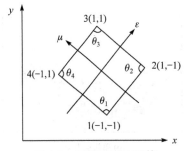

图 4-5　四节点四边形等
参单元的坐标变换

为了保证单元内各点的整体坐标(x,y)与局部坐标(ε,μ)间的一一对应关系,使变换能够进行,必须使雅可比矩阵行列式$|\boldsymbol{J}|$在整个单元上都大于零,即

$$|\boldsymbol{J}| = \begin{vmatrix} \dfrac{\partial x}{\partial \varepsilon} & \dfrac{\partial x}{\partial \mu} \\ \dfrac{\partial y}{\partial \varepsilon} & \dfrac{\partial y}{\partial \mu} \end{vmatrix} > 0 \qquad (4\text{-}10)$$

对于如图 4-5 所示的单元,各节点处的$|\boldsymbol{J}|$分别为

$$|\boldsymbol{J}||_{(-1,-1)} = l_{12}l_{14}\sin\theta_1, \qquad |\boldsymbol{J}||_{(1,-1)} = l_{21}l_{23}\sin\theta_2$$
$$|\boldsymbol{J}||_{(1,1)} = l_{32}l_{34}\sin\theta_3, \qquad |\boldsymbol{J}||_{(-1,1)} = l_{41}l_{43}\sin\theta_4 \qquad (4\text{-}11)$$

式中,θ_i是第i节点处的内角,$l_{ij}=l_{ji}$是节点i与节点j之间的单元边长。在此四边形单元内:

$$\theta_1+\theta_2+\theta_3+\theta_4 = 2\pi \qquad (4\text{-}12)$$

当$0<\theta_i<\pi(i=1,2,3,4)$时,各节点处的行列式$|\boldsymbol{J}|$才为正值。节点内角$\theta_i$接近$0°$或$180°$,会导致计算精度降低,甚至引起结果不收敛,这种情况就是网格畸变的临界情况。在实际应用中,用节点内角的大小表示畸变判据,即

$$\theta_i \leqslant \frac{1}{6}\pi \quad \text{或} \quad \theta_i \geqslant \frac{5}{6}\pi \qquad (4\text{-}13)$$

若单元内的某一内角大小满足式(4-13),则认为网格发生严重畸变,需对网格进行调整或重划分。

　　基于有限元理论的离散化思想,把刀具、工件的几何模型划分为有限个四边形网格,一般来说,网格划分得越小,即单位空间内所容纳的网格数量越多,计算精度越高,误差越小,但会使模拟运算速度下降,因此在划分模型网格的过程中必须根据具体情况灵活处理。考虑到实际切削过程中切削力、刀具应力、温度变化等问题,对刀具和工件初始接触部位的网格进行精细化处理,如图 4-6 所示,其中刀具划分为 8000 个网格,工件划分为 9000 个网格。

4.1.2　仿真结果分析

　　根据建立的切削加工有限元模型和前处理阶段所做的工作,给多涂层刀具($TiC\text{-}TiCN\text{-}Al_2O_3$)、单涂层刀具($TiCN$)、工件 AISI-1030 钢分别赋予相应的材料特性,利用刀具与工件之间的摩擦特性将两者联系起来,并通过热辐射系数和导热与机床、周围的环境有机结合起来。通过分别对两种涂层刀具车削的有限元模型进行求解计算,在计算收敛的前提下最终得到它们车削过程的模拟结果,包括主切

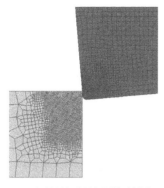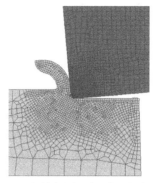

(a) 初始过程中局部网格重划分　　　　　　　　(b) 切削过程中局部网格重划分

图 4-6　几何模型网格的划分与精细化处理

削力、切削温度、刀具应力的变化情况等。下面对仿真结果进行对比分析。

1. 主切削力分析

仿真模拟和实际的切削过程一样,当初始切削时,随着刀具的向前推进,工件材料的塑性变形不断增大,刀-屑接触长度增加,摩擦力逐渐增大,摩擦热开始产生,切削力不断增大;随着切屑开始成形后,刀-屑接触长度基本上不再变化,继而产生流动平稳的切屑,切削力不再线性增加而趋于稳定,即进入稳态切削阶段。受计算机硬件和软件计算能力的限制,仿真模拟过程中单元数目不可能无限多,所以当切削刃周围的切屑与工件发生分离时,原来相互作用的单元会失去联系,致使切削力发生一定程度的波动。图 4-7 为一定切削条件下,整个切削过程中主切削力的仿真曲线。

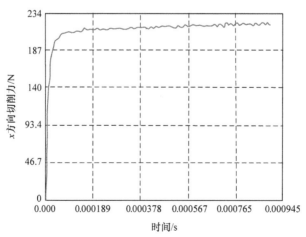

图 4-7　主切削力变化曲线(切削力预测值)

仿真采用单因素仿真方法,即①固定背吃刀量 $a_p = 0.75$mm、进给量 $f = 0.1$mm/r,切削速度 v_c 分别为 80m/min、100m/min、120m/min 和 140m/min;②固定背吃刀量 $a_p = 0.75$mm、切削速度 $v_c = 100$m/min,进给量 f 分别为 0.1mm/r、0.15mm/r、0.2mm/r 和 0.24mm/r;③固定切削速度 $v_c = 100$m/min、进给量 $f = 0.1$mm/r,背吃刀量 a_p 分别为 0.4mm、0.6mm、0.75mm 和 1mm。根据第 3 章介绍的切削力动态分量信号分形维数的计算方法,分别计算出各情况下主切削力仿真信号的分形维数。图 4-8 为多涂层刀具(TiC-TiCN-Al$_2$O$_3$)和单涂层刀具(TiCN)车削时主切削力及其仿真信号分形维数随不同切削用量的变化曲线。

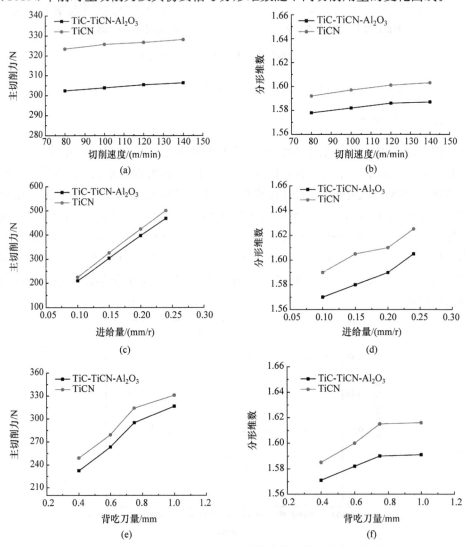

图 4-8　切削用量对主切削力及其仿真信号分形维数的影响

从图 4-8 可以看出，在相同的切削条件下，多涂层刀具（TiC-TiCN-Al₂O₃）受到的主切削力小于单涂层刀具（TiCN），原因在于两种刀具的表层涂层摩擦系数不一样，Al₂O₃ 的摩擦系数 0.15 小于 TiCN 的摩擦系数 0.34；多涂层刀具（TiC-TiCN-Al₂O₃）的主切削力仿真信号的分形维数值也小于单涂层刀具（TiCN），说明在相同的车削过程中，前者的车削状态稳定性优于后者。另外，本节仿真得到的不同切削用量对涂层刀具主切削力及其信号分形维数的影响变化趋势与前面实验得到的变化趋势基本一致，说明对涂层刀具的车削加工过程进行有限元仿真具有很高的可信度。

2. 温度场分析

涂层刀具在车削过程中产生的切削热和产生的切削温度会直接影响刀具的寿命和工件表面的加工质量等。切削热主要来源于两个方面：切削层金属在刀具的切削作用下发生弹、塑性变形时，产生切削热；切屑与前刀面之间、工件与后刀面之间摩擦做功也转化为热能，产生切削热。在切削过程中，产生的切削热会被刀具、工件、切屑以及周围的其他介质传出。但是切削热如果没有被及时传出，就会造成切削区域温度升高，导致刀具磨损加快，因此研究切削热和切削温度的变化规律已经是刀具车削性能研究的主要方面之一。

图 4-9 显示了工况 1（切削速度 v_c 为 100m/min、进给量 f 为 0.1mm/r、背吃刀量 a_p 为 0.75mm）在车削状态稳定后，多涂层刀具（TiC-TiCN-Al₂O₃）和单涂层刀具（TiCN）的温度分布状况。

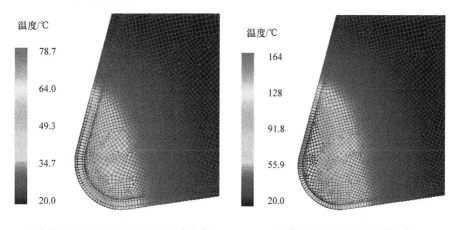

　　(a) 多涂层刀具(TiC-TiCN-Al₂O₃)的温度分布　　　　　(b) 单涂层刀具(TiCN)的温度分布

图 4-9　工况 1 两种涂层刀具的温度分布

图 4-10 显示了工况 2（切削速度 v_c 为 120m/min、进给量 f 为 0.15mm/r、背

吃刀量 a_p 为 0.75mm)在车削状态稳定后,多涂层刀具(TiC-TiCN-Al$_2$O$_3$)和单涂层刀具(TiCN)的温度分布状况。

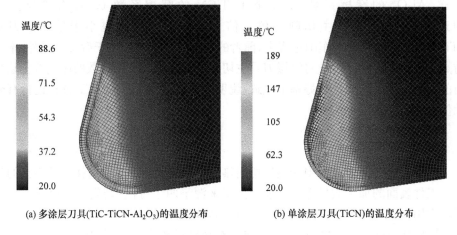

(a) 多涂层刀具(TiC-TiCN-Al$_2$O$_3$)的温度分布   (b) 单涂层刀具(TiCN)的温度分布

图 4-10   工况 2 两种涂层刀具的温度分布

从图 4-9 和图 4-10 可以看出,两种涂层刀具的最高温度都出现在刀具前刀面与切屑的接触面上,说明此接触面是切削过程中最大的摩擦区域;两种刀具前刀面上的最高温度点并非在切削刃上,而是在距刀刃有一定距离的地方,这是因为刀具与切屑之间的摩擦不仅包括滑动外摩擦,还包括前刀面上距刀刃较近处形成的黏结内摩擦,内外摩擦产生的热量在交界处积累,从而在刀具前刀面上形成了最高温度点;两种工况下,多涂层刀具(TiC-TiCN-Al$_2$O$_3$)的最高温度分别为 78.7℃ 和 88.6℃,单涂层刀具(TiCN)的最高温度分别为 164℃ 和 189℃,工况 1 的刀具温度分别低于工况 2,这主要是因为工况 1 的摩擦系数低于工况 2,有效地降低了摩擦力、切削力和切削功率,进而产生低的切削热量,即降低了刀具表面的切削温度,使刀具耐用度优于工况 2。

3. 应力场分析

在实际生产中,工件材料的力学性能及其几何形态,都不可能完全均匀和规则,如毛坯的表面硬度和加工余量不均匀、几何形态不规则以及工件表面的槽、沟孔等,这些方面或多或少地会使切削加工产生断续切削。当断续切削时,时常会发生强烈的热冲击和机械冲击,虽然硬质合金涂层刀具的抗压强度和硬度较高,但其抗弯强度和抗拉强度并不高,在这种情况下容易突然发生破损。根据强度理论,当材料的最大拉、压应力达到某一极限值时会发生破坏。但由于材料内部的不均匀性和可能存在的缺陷,当刀具受到一定的压应力时也会发生破坏。在刀具前刀面和后刀面的一定区域内分别受到拉应力和压应力,当拉、压应力超过材料的强度极限时,在应力区域内材料最弱的地方就会产生裂纹或者立即破损。因此,研究刀具在切削过程中的应力分布情况具有重要的意义。

图 4-11 为工况 1(切削速度 v_c 为 100m/min、进给量 f 为 0.1mm/r、背吃刀量 a_p 为 0.75mm)在车削状态稳定后,多涂层刀具(TiC-TiCN-Al$_2$O$_3$)和单涂层刀具(TiCN)的等效应力分布状况。

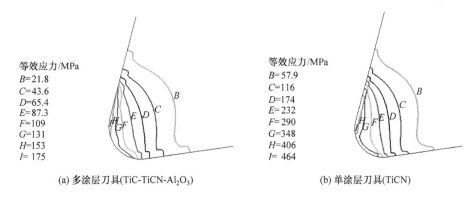

图 4-11　工况 1 两种涂层刀具的等效应力分布

图 4-12 为工况 2(切削速度 v_c 为 120m/min、进给量 f 为 0.15mm/r、背吃刀量 a_p 为 0.75mm)在车削状态稳定后,多涂层刀具(TiC-TiCN-Al$_2$O$_3$)和单涂层刀具(TiCN)的等效应力分布状况。

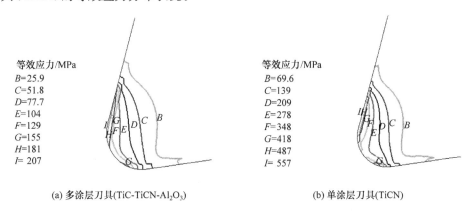

图 4-12　工况 2 两种涂层刀具的等效应力分布

从图 4-11 和图 4-12 可以看出,两种涂层刀具受到的最大等效应力都出现在前刀面的主切削刃附近,离切削刃越远,等效应力越小,这与实际切削中刀具前刀面会出现月牙洼磨损相符合;靠近切削刃后刀面区域也都出现了较大的应力分布,这会导致后刀面磨损。在这两组切削用量下,多涂层刀具(TiC-TiCN-Al$_2$O$_3$)受到的最大等效应力分别为 175MPa 和 207MPa,单涂层刀具(TiCN)受到的最大等效应力分别为 464MPa 和 557MPa,工况 1 的等效应力分别低于工况 2,说明单涂层刀具(TiCN)比多涂层刀具(TiC-TiCN-Al$_2$O$_3$)更容易发生前刀面月牙洼磨损和后刀面磨损,相应的利用率远不如多涂层刀具(TiC-TiCN-Al$_2$O$_3$)。叶伟昌和严卫平等曾于 1988 年提出多涂层刀具的切削寿命一般要比单涂层刀具高 50%~200%。这再次说明,采用有限元法对涂层刀具的车削加工过程进行仿真研究具有较高的可信度。

4.1.3　基于切削力的干车削性能实验研究

本实验在干车削加工的条件下进行,干车削由于没有采用一定压力和流量的液体连续不断地冷却、润滑刀具和工件的加工部位,致使金属切削过程的工作环境、加工条件发生了很大的变化。要使干车削得以顺利进行,达到或超过湿式加工时的加工质量、生产率和刀具使用寿命,就必须从刀具技术、机床技术和工艺技术各方面采取一系列措施。干车削的刀具技术需满足刀具应具有高的耐热性和耐磨性、刀具与切屑间的摩擦系数应尽量小、刀具几何参数设计合理等要求。干车削的机床技术需满足切削热的传散、切屑和灰尘的排出要迅速等要求。干车削的工艺技术需满足工件材料与刀具材料合理匹配、工艺方法与工艺参数合理选用等要求。下面根据以上实现干车削的条件进行涂层刀具、工件和机床的选材和选择,进而搭建合理的实验平台,进行涂层刀具车削性能的实验研究。

1. 实验条件

1) 刀具的选择

国外生产硬质合金涂层刀具的知名厂家主要有日本住友电工硬质合金公司、美国肯纳金属公司、瑞典山特维克公司等。国内生产硬质合金涂层刀具的厂家主要有成都工具研究所有限公司、株洲钻石切削刀具股份有限公司等。根据具体实验条件,本实验选用了日本住友电工硬质合金公司生产的 CVD-AC410K 刀具(型号为 CNMG120408N-UX),该刀具采用独创新技术实现了晶体组织超微细化和涂层表面的平滑化。图 4-13 为该刀具与其他公司刀具在切削灰铸铁时的切削性能对比,从图中可以看出,AC410K 刀具的切削性能最优,该刀具基体为硬质合金(WC-Co),涂层材料为 TiCN 和 Al$_2$O$_3$ 膜的叠层膜涂层。

刀具几何参数的选择主要从刀具后角、刀尖圆弧半径和断屑槽型三方面进行阐述。主切削刃后角的标准值一般是 0°、3°、5°、7°、11°、15°、20°、25°、30°,工程应用中后角为零的刀具广泛使用。但在实际切削加工中,后角不可为零,否则刀具与加工表面之间会产生强烈的摩擦,导致无法加工。为了弥补这个缺点,人们开发了各种各样的断屑槽,从而使后角为零的刀具得到广泛使用。车削灰铸铁时,刀尖圆弧

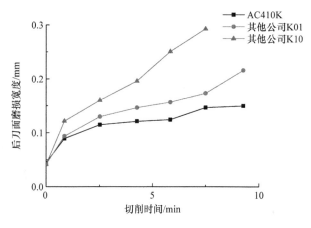

图 4-13　刀具切削性能对比

半径 r_ε 对车刀耐用度的影响很大，r_ε 太小时，散热条件差，刀尖易磨损；r_ε 太大时，切削过程容易引起振动，也会加速刀尖的磨损。根据生产实践，在加工小直径工件或精车工件时选用较小的 r_ε，而在加工大直径工件或粗车工件时选用较大的 r_ε。瑞典山特维克公司推荐使用进给量 f 为 r_ε 的 2/3，它们之间的具体关系如表 4-5 所示。

表 4-5　刀尖圆弧半径与进给量之间的关系

刀尖圆弧半径 r_ε/mm	0.4	0.8	1.2	1.6	2.4
进给量 f/(mm/r)	0.2~0.35	0.4~0.7	0.5~1.0	0.7~1.3	1.0~1.8

　　车削灰铸铁时，为了保证刀具寿命及加工效率，考虑到操作者的安全，必须设计刀具的断屑槽。断屑槽型一般有直线圆弧型、直线型与全圆弧型。为了扩大可转位刀具的使用范围，其断屑槽型越来越多地使用复合断屑槽型结构，复合断屑槽型是由简单的断屑槽型及其变形复合而成的。典型的复合断屑槽型结构主要有双级槽、刀尖部分的槽背向前突起、波浪型槽背三种结构，如图 4-14 所示。双级槽结构的一级槽在精加工时起作用，二级槽在粗加工时起作用。从图 4-14 中可以看

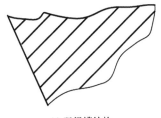

(a) 双级槽结构　　　　　　　(b) 刀尖部分的槽背向前突起结构　　　　　　(c) 波浪型槽背结构

图 4-14　复合断屑槽型结构

出,刀尖部分的槽背向前突起结构在刀尖部分的槽窄,其他部分的槽宽,其可以看成由一窄槽的刀尖部分和一宽槽的刀尖部分复合而成。波浪型槽背结构的槽宽沿主切削刃方向呈周期性变化,可以看成宽槽和窄槽复合而成。

本实验用的 AC410K 刀具如图 4-15(a)所示,从图中可以看出,此刀具的断屑槽型结构类似于刀尖部分的槽背向前突起结构。实验用刀杆为复合压紧式刀杆,型号为 DSDNN2020K12,如图 4-15(b)所示。

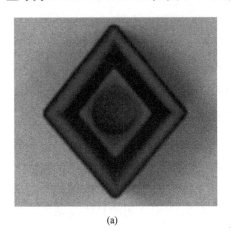

(a)　　　　　　　　　　　　　　　(b)

图 4-15　实验用刀具、刀杆

装夹后的刀具几何参数如表 4-6 所示。厂家推荐该刀具的切削用量范围是:切削速度 40~140m/min,进给量 0.1~0.4mm/r,背吃刀量 0.3~4.0mm。

表 4-6　硬质合金涂层刀具 AC410K 几何参数

主偏角 k_r/(°)	负偏角 k_r'/(°)	前角 γ_0'/(°)	后角 α_0'/(°)	刃倾角 λ_s/(°)	刀尖圆弧半径 r_ε/mm
95	5	30	6	0	0.8

2) 工件材料的选择

实验用的切削材料为两种不同组元的灰铸铁,采用同一均质材料,$\phi 73mm \times 230mm$ 的圆柱体试样,强度达到 HT300 的标准,化学成分如表 4-7 所示。

表 4-7　两试样材料的化学成分(质量分数,%)

灰铸铁	C	Si	Mn	P	S	Cu	Cr	Mo
1 号样	2.97	1.80	0.83	0.037	0.048	0.49	0.30	0.296
2 号样	2.99	1.94	0.82	0.037	0.049	0.50	0.29	0.298

3）机床的选择

在硬质合金涂层刀具切削灰铸铁时，对机床的工艺系统有一定的要求：为防止刀具崩刃，机床主轴偏摆、机床的振动要小；为提高实验数据的可靠性，机床的整体刚度和精度要好。选用的车床为 CA6140 普通车床，其主轴最高转速为 1400r/min，主电动机功率为 7.5kW。

2. 切削力及其信号采集原理

1）切削过程中的切削力信号

在金属切削加工时，工件材料抵抗刀具切削所产生的阻力就是切削力，它是影响工艺系统强度、刚性和加工工件质量的重要因素，是设计机床、刀具、夹具和计算切削动力消耗的主要依据。切削力的主要来源为：刀具切削工件时，切屑与工件内部存在弹、塑性变形的抗力；切屑与工件对刀具产生的摩擦阻力；两者作用在刀具上的合力 F。合力 F 作用在切削刃工作空间某方向上，如图 4-16 所示。

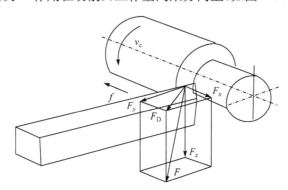

图 4-16 切削合力及其分力

由于合力大小与方向都不易确定，为了便于测量和计算，切削合力 F 又分为三个分力：主切削力 F_z、切深抗力 F_y、进给抗力 F_x。同时各切削分力包括两部分：一是切削力静态分量，即切削力平均值，它是切削变形所需的力；二是切削力动态分量，表现为围绕切削力的平均力上下波动。切削力动态分量和静态分量示意图如图 4-17 所示。

在金属切削加工过程中，切削力的变化规律受诸多因素的影响，主要包括切削用量（切削速度、背吃刀量和进给量）、工件材料、刀具几何参数、刀具磨损、切削液、刀具材料。随着切削过程的进行，切削力的动态分量和静态分量都将发生变化，切削力的动态分量特性发生变化，而静态分量将增大。后面将利用分形理论对动态分量进行特征值提取，找出其随切削时间的变化规律，同时对静态分量的特征值提取进行说明。

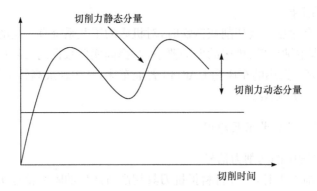

图 4-17　切削力动态分量和静态分量示意图

2) 切削力信号的采集装置及其采集原理

实验所用的切削力信号采集装置为 QB-07 型双平行八角环电阻应变片式测力仪(简称八角环测力仪),并配合使用 DH5923 动态信号测试分析仪,进行信号的转换与采集,切削力测量系统示意图如图 4-18 所示。

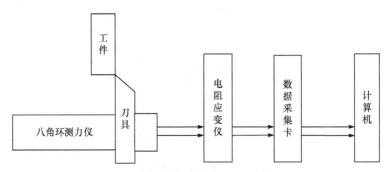

图 4-18　切削力测量系统示意图

实验所用的车削测力仪是由江苏东华测试技术股份有限公司生产的八角环测力传感器,可以同时测量三个方向的力。其原理是在八角环的内、外表面粘贴电阻值相等的应变片,将测力仪固定在车床刀架上,刀具装在测力仪上,然后将各数据线与计算机连接。在车削过程中,如图 4-19(a)所示,当刀具受到主运动方向上的分力 F_z 时,传感器上环的外表面被拉长,贴着的应变片 Rc2、Rc4 被压缩;下环的外表面被压缩,贴着的应变片 Rc1、Rc3 被拉伸,使已连接在传感器上的电桥电路(图 4-19(b))失稳,输出电信号。同理,刀具受到切深抗力 F_y 和进给抗力 F_x 的作用时,传感器产生变形,使测量 F_y 和 F_x 的电桥电路失稳,输出电信号。三组电信号经电阻应变片仪处理输出,再由数据采集卡记录并存入计算机中。根据应变有效值与切削力之间的标定关系,能获得三向切削力的数值。

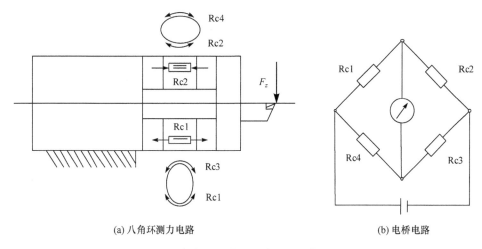

(a) 八角环测力电路　　　　　　　　　　　　　(b) 电桥电路

图 4-19　电阻应变片式三向车削测力仪工作原理

在车削过程中,为了使采集到的切削力信号不失真,当模拟信号转化为数字信号时,必须设置合理的采样时间间隔 Δt。对于频谱有限的信号,采样时间间隔 Δt 只有满足 Shannon 采样定理时,其采样序列才不会丢失模拟信号的任何信息。Shannon 采样定理为:设 $F(\omega)$ 是函数 $f(t)$ 的傅里叶变换,若 $|\omega| \geqslant A$ 时,$F(\omega) = 0$,则称函数 $f(t)$ 是 A 频谱有限。当采样时间间隔 $\Delta t \leqslant \pi/A$ 时,由函数 $f(t)$ 的取样值 $f(n\Delta t)(n \in \mathbf{Z})$,可以确定唯一的 $f(t)$,并有以下插值公式:

$$f(t) = \sum_{n \in \mathbf{Z}} f(n\Delta t) \cdot \frac{\sin\left[\dfrac{\pi}{\Delta t}(t - n\Delta t)\right]}{\dfrac{\pi}{\Delta t}(t - n\Delta t)} \tag{4-14}$$

为了保证信号中的最高频率 f_m 的谐波能被分析出来,采样频率 f_s 必须满足

$$f_s \geqslant 2f_m \tag{4-15}$$

在切削加工过程中,所产生的切削力信号频率范围一般是 $0 \sim 2000\mathrm{Hz}$。因此,根据 Shannon 采样定理,本实验选取采样频率为 $100\mathrm{Hz}$,采样点数为 1021 个,后面的实验结果表明此采样频率和采样点数满足分析需求。

3. 切削力信号的自相似性

分形现象的显著特征之一是以不同的空间尺度或不同的时间尺度去观察物体的自相似性,即在无标度区间内,表征自相似系统结构定量性质的分形维数不会因尺度的放大或缩小而变化。车削过程中,切削力信号在一定的尺度范围内通常具有明显的分形特征。如图 3-9 所示,图 3-9(b)和(c)的数据来自图 3-9(a)的局部,

比较图 3-9(a)、(b)和(c)中的高频部分和低频部分,除了高频部分显示出疏密不同外,低频部分很难看出三者之间的差别,从而清楚地表明此切削力信号的整体与局部具有自相似性。切削力信号的这一特征为下面采用分形维数对其进行分形分析,即利用分形维数度量不同条件下的切削力信号的复杂程度奠定了理论基础。

4. 切削力动态分量信号的分形特征

通过实验采集切削速度 v_c 为 41m/min、进给量 f 为 0.286mm/r、背吃刀量 a_p 为 1.5mm 时,涂层刀具在不同切削时间内的切削力信号,分析用分形理论处理切削力信号的可行性。

根据前面的分析,切削力信号的整体与局部具有自相似性,表明其具有典型的分形特点。所以,可以从分形的角度,在不同的切削时间下对切削力的变化特点从整体上用分形维数进行定量的描述。切削力包括主切削力 F_z、切深抗力 F_y 和进给抗力 F_x,本章着重讨论主运动方向上 F_z 的动态分量信号的分形特征。图 4-20 为 AC410K 涂层刀具切削灰铸铁 1 号样 20s 后采集的切削力时域信号曲线。

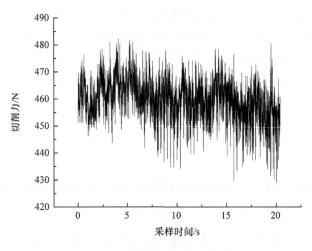

图 4-20　切削力时域信号曲线

对图 4-20 所示的切削力时域信号进行功率谱分析,得出功率谱图如图 4-21 所示。图中未见明显的频率峰值,说明此信号属于随机性很强的信号。对于这种信号,可以用分形维数进行表征。从图 4-21 中可以看出,切削力围绕一个基准值上下波动,这个基准值是切削力的平均值,即切削力的静态分量,切削力的动态分量是图中的波动部分。对此时域信号进行快速傅里叶变换,可以从频域上区分周期信号、准周期信号和随机信号。周期信号的功率谱是离散的,包含基频 $f_0 = 1/T$ 及其谐波 $2/T, 3/T, 4/T, \cdots$,以及它的分频 $f_0/2, f_0/3, f_0/4, \cdots$。准周期信号的功率谱也是离散的,除了包含基频 $f_0, f_1, f_2, \cdots, f_f$ 外,还包含由非线性作用而产生的频率 $a_i f_i + b_j f_j$(a_i、b_j 为任意整数),因此其功率谱不像周期信号那样以等间隔的频率离散。随机信号的功率谱是宽带的连续谱。

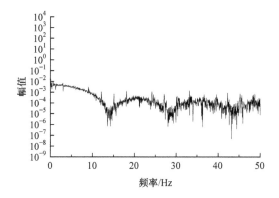

图 4-21　切削力动态分量功率谱图

图 4-22 为切削力信号功率谱的双对数坐标图,从图中可见,信号功率谱在双对数坐标图中近似为一条直线。因此,可以用分数布朗运动(一种典型的分形信号)建立信号模型,用分形维数表征信号的复杂程度。信号分形维数的计算方法采用第 3 章介绍的频谱法,对图 4-22 中近似直线段的部分采用最小二乘法进行拟合,求得功率谱指数 β 为 1.37,利用功率谱指数和分形维数的关系式(3-9),即可求得分形维数 D 为 1.815。

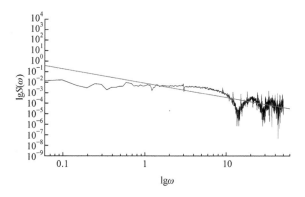

图 4-22　切削力信号功率谱的双对数坐标图

根据以上方法,求出整个切削过程中提取的切削力信号对应的分形维数,以上数据处理均在数据分析软件 Origin 中进行,Origin 功能强大,能快速求取信号的功率谱,实现最小二乘拟合。图 4-23 为切削过程中随着切削时间的改变,切削力动态分量信号的分形维数。

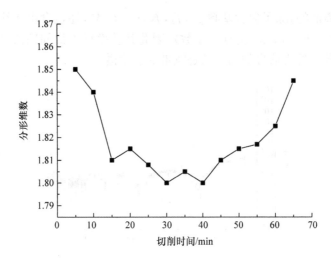

图 4-23　动态切削力信号分形维数随切削时间的变化曲线(切削 1 号样)

同理,根据以上分析方法,可以得出 AC410K 涂层刀具在切削灰铸铁 2 号样时,切削力动态分量信号的分形维数随切削时间的变化曲线如图 4-24 所示。

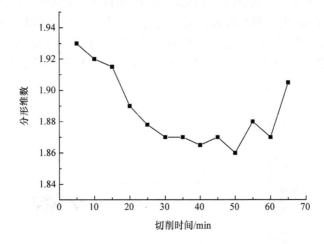

图 4-24　动态切削力信号分形维数随切削时间的变化曲线(切削 2 号样)

从图 4-23 和图 4-24 可以看出,随着切削时间的增加,分形维数基本呈现高—低—高的变化趋势,而这一趋势正好对应刀具磨损的三个阶段,即初期磨损、正常磨损和急剧磨损阶段,如图 4-25 所示。刀具的初期磨损阶段相当于机械零件的"跑合"过程,将刀具表面的一些毛刺和不稳定的微凸体、裂纹等快速磨去,因此磨损率较高;随着切削时间的延长,进入正常磨损阶段,磨损率低,切削平稳;当刀具进入急剧磨损阶段时,磨损率又急剧上升。

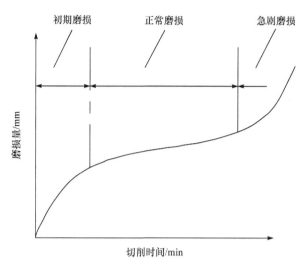

图 4-25　刀具磨损曲线

切削力动态分量信号的分形维数可以作为衡量信号随机性的一个度量指标,即信号分形维数越大,其局部起伏越大;信号分形维数越小,其波动越小。

在刀具的初期磨损阶段,由于刀具切削刃较锋利,后刀面与加工表面的接触面积较小,压应力较大,刀尖磨损较快,切削力变化大,测量系统采集到的切削力信号也相应变化,则切削力动态分量的分形维数偏高。当刀具进入正常磨损阶段时,刀具表面的毛刺及一些微凸体已经被磨去,切削过程趋于稳定,相应的切削力变化小,则切削力动态分量的分形维数偏小。当刀具进入急剧磨损阶段时,切削状态极不稳定,切削力变化大,则切削力动态分量的分形维数变大。因此,可以通过观察切削过程中切削力动态分量的分形维数变化来监测涂层刀具的磨损状态。

5. 切削力静态分量信号的特征分析

为充分利用切削力信号,必须对切削力静态分量信号进行特征提取。切削力信号的静态分量是指切削力的平均值。Choudhury 等研究发现,切削力静态信号处理后得到的特征量 M 更适合作为特征值,用来监测刀具的磨损状况。特征量 M 的定义如下:

$$M = \frac{F_{xt}/F_{x0}}{F_{zt}/F_{z0}} \tag{4-16}$$

式中,F_{zt}、F_{xt} 分别是刀具切削一段时间后测得的主切削力和进给抗力;F_{z0}、F_{x0} 分别是刀具初始切削时测得的主切削力和进给抗力。图 4-26 是 AC410K 涂层刀具在切削灰铸铁 1 号样的过程中,测得的切削力随切削时间变化的曲线。

从图 4-26 中可以看出,随着切削时间的增加,切削力 F_x、F_z 都将增大,到最后

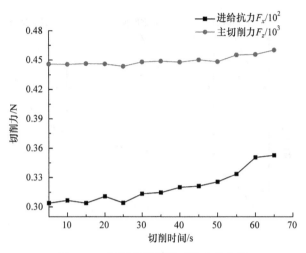

图 4-26　切削力随切削时间变化曲线

阶段也就是刀具急剧磨损阶段切削力迅速增大,而进给抗力 F_x 要比主切削力 F_z 增大的速率大。由此可以通过观察切削力静态分量信号处理后得到的特征量 M 的变化规律,来监测刀具的磨损状态。

6. 切削用量对主切削力及其动态分量分形维数的影响

切削用量参数是指切削速度 v_c、进给量 f 和背吃刀量 a_p。在切削金属材料时,切削用量的变化对切削力有较大的影响,一般情况下,进给量 f 和背吃刀量 a_p 的增大会使切削力增大。而切削速度 v_c 对切削力的影响如同对切削变形的影响规律:在积屑瘤产生区域内的切削速度增大,因切削变形小,故切削力会下降;当积屑瘤消失后,切削力逐渐上升;进一步提高切削速度,切削力又逐渐减小,慢慢将处于稳定状态。下面研究切削用量的变化对 AC410K 涂层刀具在切削灰铸铁 1 号样时切削力的影响。实验条件与方法与前面一致。

1) 切削速度对主切削力及其动态分量分形维数的影响

实验方案采用单因素实验方法,即固定进给量 f 为 0.2mm/r 和背吃刀量 a_p 为 0.75mm,切削速度 v_c 的取值分别为 47m/min、58m/min、74m/min、94m/min、119m/min 和 132m/min,所得实验数据如表 4-8 所示。

表 4-8　切削速度、主切削力及其动态分量分形维数实验数据

切削速度 v_c/(m/min)	主切削力 F_z/N	动态分量分形维数 D
47	395.88	1.66
58	393.19	1.6
74	392.71	1.585

续表

切削速度 v_c/(m/min)	主切削力 F_z/N	动态分量分形维数 D
94	393	1.63
119	393.64	1.61
132	392.70	1.59

依据表 4-8 中的数据,分别作出主切削力及其动态分量分形维数随切削速度变化的关系曲线,如图 4-27 和图 4-28 所示。

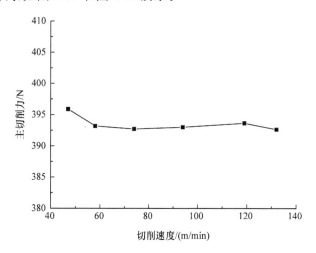

图 4-27　切削速度对主切削力的影响

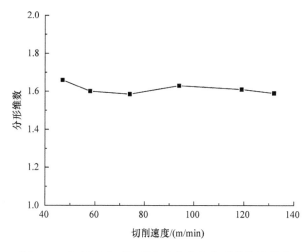

图 4-28　切削速度对切削力动态分量分形维数的影响

从图 4-27 和图 4-28 中可以看出,在切削速度为 40～60m/min 时,由于是积屑瘤产生区,切削变形小,故切削力减小;在切削速度为 $60\sim120\text{m/min}$ 时,积屑瘤消失,切削力逐渐上升;当切削速度大于 120m/min 时,摩擦系数减小,剪切角增大,变形系数减小,导致切削力减小。随着切削速度的增大,分形维数并不单调变化,在切削速度 $v_c=74\text{m/min}$ 时,分形维数最小,说明此时的切削力动态分量信号的随机性较小,切削状态较稳定;在切削速度 $v_c=94\text{m/min}$ 时,分形维数较大,说明切削力波动较大,切削状态不稳定;在切削速度 $v_c>94\text{m/min}$ 时,随着切削速度的增加,分形维数显著减小。

2) 进给量对主切削力及其动态分量分形维数的影响

同样固定切削速度 $v_c=119\text{m/min}$ 和背吃刀量 $a_p=0.75\text{mm}$,进给量 f 的取值分别为 0.1mm/r、0.15mm/r、0.2mm/r、0.24mm/r、0.26mm/r 和 0.28mm/r,所得实验数据如表 4-9 所示。

表 4-9　进给量、主切削力及其动态分量分形维数实验数据

进给量 $f/(\text{mm/r})$	主切削力 F_z/N	动态分量分形维数 D
0.1	210.62	1.575
0.15	305.55	1.585
0.2	399.09	1.59
0.24	469.98	1.6
0.26	506.62	1.61
0.28	541.07	1.62

依据表 4-9 中的数据,分别作出主切削力及其动态分量分形维数随进给量变化的关系曲线,如图 4-29 和图 4-30 所示。

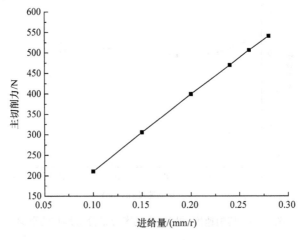

图 4-29　进给量对主切削力的影响

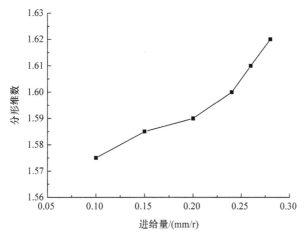

图 4-30 进给量对切削力动态分量分形维数的影响

从图 4-29 和图 4-30 可以看出,随着进给量的增大,主切削力随之增大,而其分形维数也逐渐增大,可见进给量对主切削力及其分形维数的影响较大。同时也说明,随着进给量的变化,主切削力与切削力动态分量分形维数间具有一定的对应关系。

3) 背吃刀量对主切削力及其动态分量分形维数的影响

最后固定进给量 $f=0.2\text{mm/r}$ 和切削速度 $v_c=119\text{m/min}$,背吃刀量 a_p 的取值分别为 0.75mm、1mm、1.25mm、1.5mm、1.75mm、2mm,所得实验数据如表 4-10 所示。

表 4-10 背吃刀量、主切削力及其动态分量分形维数实验数据

背吃刀量 a_p/mm	主切削力 F_z/N	动态分量分形维数 D
0.75	381.73	1.573
1	389.07	1.592
1.25	405.94	1.651
1.5	408.07	1.646
1.75	416.03	1.641
2	426.37	1.627

依据表 4-10 中的数据,分别作出主切削力及其动态分量分形维数随背吃刀量变化的关系曲线,如图 4-31 和图 4-32 所示。

从图 4-31 和图 4-32 可以看出,背吃刀量对主切削力的影响较大,对切削力动态分量分形维数的影响也比较明显。随着背吃刀量的增大,主切削力逐渐增大。当背吃刀量 $a_p>1.25\text{mm}$ 时,主切削力增大幅度平稳,对应的切削力动态分量分形维数变小。

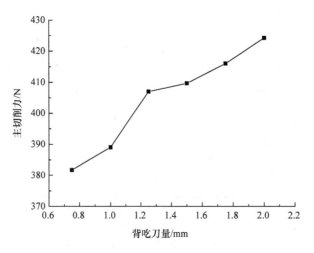

图 4-31　背吃刀量对主切削力的影响

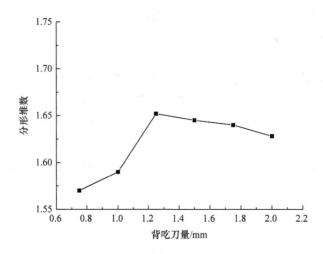

图 4-32　背吃刀量对切削力动态分量分形维数的影响

7. 涂层刀具的磨损机理分析

硬质合金涂层刀具的损坏主要包括磨损和破损两种失效形式,其中磨损主要是指前刀面磨损、后刀面磨损、边界磨损和微崩刃等,破损主要是指切削刃崩裂、切削刃剥落、碎断和塑性变形等。造成硬质合金刀具涂层破损的主要因素有:①机械应力,即刀具在切削时会受到大小和位置不同的机械冲击、热冲击作用,使刀具内部产生内应力,造成刀具涂层的破损;②涂层表面的高温软化产生黏结磨损,即一般情况下,工件材料比刀具材料软,工件材料发生黏结磨损比较明显,而刀具涂层材料也不是绝对的各向同性,组织不均匀、存在孔隙和裂纹,其内部也可能存在残余应力,切削过程中刀具表面温度升高,涂层软化降低了涂层与基体之间的黏合力,经一段时间切削,涂层材料被撕裂,造成涂层破损;③热氧化造成涂层破损,即在一定温度下,刀具材料的某些元素与周围介质发生化学反应,生成一些使涂层膜强度和韧性降低的化合物,从而降低了涂层与基体的黏合力,造成涂层破损;④涂层表面形貌及厚度,即涂层表面粗糙时发生粘刀的可能性大,导致排屑不畅,工件表面粗糙度恶化,涂层本身也产生破损。

对上面实验中的 AC410K 硬质合金涂层刀具在切削灰铸铁 1 号样一段时间后的刀具磨损机理进行分析,观察刀具磨损的工具为扫描电子显微镜(SEM)和能量散射 X 射线分析仪(EDX)。切削速度 v_c 为 41m/min,进给量 f 为 0.286mm/r,背吃刀量 a_p 为 1.5mm,刀具与工件之间是连续的紧密接触,即连续切削。图 4-33 为刀具前刀面磨损的 SEM 图。

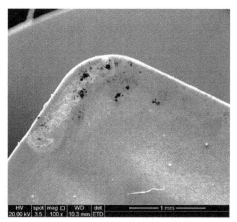
(a) 放大100倍

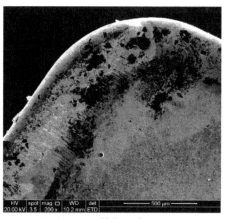
(b) 放大200倍

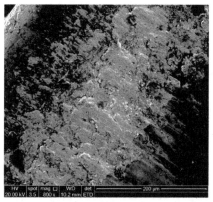
(c) 放大800倍

图 4-33　刀具前刀面磨损的 SEM 图

从图 4-33 中可以看出,刀具前刀面磨损深度较浅,形状平齐,属于表层的开裂,是沿晶粒界面的开裂和滑动。切削刃处的涂层已经受损剥落,在涂层剥落的断口处,沿解理面有二次开裂发生,形成了解理断口常见的舌状花样形貌,涂层与涂层之间也有相对的开裂。在前刀面上还可以看到烧结的切屑组织黏附,黏附部位产生了月牙洼磨损,这是由切屑在流出时产生摩擦和高温高压作用形成的。在磨损表面上,远离切削刃并没有直接参与刀具与切屑摩擦的部位,基体晶粒因高温而细化成为球状。对刀具前刀面未磨损处和已磨损处进行能量散射 X 射线分析,结果如图 4-34 和图 4-35 所示,从图中可以很明显地看出,已磨损处的 Fe 元素含量远大于未磨损处,说明在高温的作用下,工件中的 Fe 元素扩散到刀具表面上,产生了扩散磨损。但是,Fe 元素含量的增加不仅仅是由在短暂的切削时间内工件材料成分扩散造成的,也是由高温软化的工件在刀具强挤压的作用下黏附到刀具上造成的。

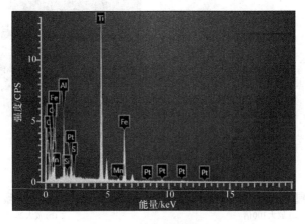

图 4-34　刀具前刀面未磨损处的 EDX 图

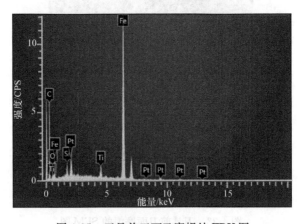

图 4-35　刀具前刀面已磨损处 EDX 图

另外,刀具后刀面磨损也是刀具失效的一个主要因素,图 4-36 是刀具后刀面磨损的 SEM 图。

(a) 放大120倍

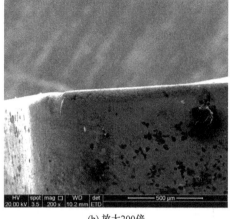

(b) 放大200倍

(c) 放大400倍

图 4-36 刀具后刀面磨损的 SEM 图

从图 4-36 中可以看出,在刀具后刀面,刀具与工件接触部位的涂层已不存在,基体上出现了上宽下窄类似 V 形的沟槽,定位在切屑的边缘处,沟槽内被磨蚀得很光滑,没有出现犁沟。该沟槽是由变形硬化的切屑边缘切割及空气中介质氧化造成边界磨损形成的。另外,在后刀面磨损带上可以看到顺着进给方向流动性地分布着工件材料切屑,但没有对磨损带完全覆盖,这些切屑被推挤到磨损带周边,形成内薄外厚的分布状态。

通过对上面实验中 AC410K 涂层刀具的磨损机理分析,可得出防止涂层刀具失效的主要措施主要有:减小施加在切削边缘上的机械应力,防止涂层破损或剥落;降低切削区域的温度,防止涂层表面的高温软化及氧化破损;选择合理的涂层工艺,要求涂层材料具有较高的化学稳定性,防止涂层破损。

4.2　非涂层刀具车削加工分形研究

4.2.1　切削过程有限元仿真

1. 实际切削模型与正交自由切削模型

不同类型的刀具,其刀面、切削刃数量是不同的,但组成刀具最基本的单元是两个刀面交汇形成的一个切削刃,简称两面一刀。图 4-37 为实际切削模型,图 4-38 为实际切削模型的模拟与参数设定。实际的切削模型比较复杂,进行有限元模拟时,特别是涉及二维切削模拟,应进行适量的简化。由于刀具都可分为多个基本单元进行分析,正交自由切削正是这种基本单元的理想化。正交自由切削是指切削刃与切削速度方向垂直且只有直线形主切削刃参加切削工作,而副切削刃不参加工作的切削方式。正交自由切削是进行切削研究的常用简化模型,分为三维与二维两种情况。二维正交自由切削模型的假设条件如下:

(1) 在切削工艺中沿切削刃长度方向的尺度比另外两个方向的尺度大 5 倍以上,将其简化为平面应变状态进行分析,这样既保证了切削机理研究的可靠性,又简化了问题求解的难度;

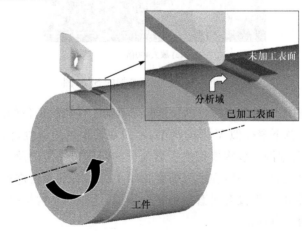

图 4-37　实际切削模型

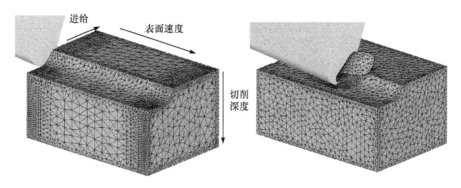

图 4-38　实际切削模型的模拟与参数设定

（2）刀具是刚体，刀刃足够锋利，不存在磨损，刀具只有沿切削方向的运动；

（3）切削过程为连续切削；

（4）工件材料为各向同性材料；

（5）忽略切削过程中由温度变化引起的金相组织变化及其他化学反应。

2. 刀具和工件几何模型的建立

如图 4-39 所示，在 DEFORM-2D Machining 模块中可以利用软件本身提供的建模功能建立刀具工件的简单几何形体，也可以在 Pro/E 中建立刀具和工件的装配模型，并分别以 DXF 的格式保存，然后导入 DEFORM-2D 中。另外，为方便在 DEFORM-2D 中查看，在 Pro/E 中建立装配模型时应以笛卡儿坐标系原点为装配建模的参考点。

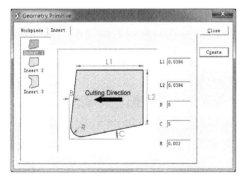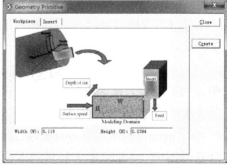

图 4-39　DEFORM-2D Machining 模块中几何模型的建立

如图 4-40 所示，在 DEFORM-3D Machining 模块中，刀具型号为 CNMA432，其规格如表 4-11 所示，刀具夹紧方式选用 DTGNR，工件的几何形状是通过人工输入关键尺寸后，由软件自动生成的。

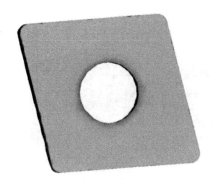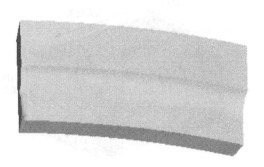

图 4-40　DEFORM-3D Machining 模块中几何模型建立

表 4-11　CNMA432 刀具规格表

刀具 规格	刀具 形状	刀具 后角	公差 等级	结构 形式	刀具 边长	厚度	刀尖圆弧半径
编号	T	N	M	A	4	3	2
内容	四边形	0°	±0.08mm	有孔 无槽	12.9mm	4.76mm	0.8mm

　　另外,可以在 Pro/E 中建立刀具和工件的装配模型,并分别以 STL 的格式保存,然后导入 DEFORM-3D 中,输出为 STL 格式时应选择合适的精度控制选项。

3. 刀具和工件材料模型的建立

　　工件材料选用 AISI-1045 钢(相当于国标 45 号钢),材料的流动准则采用表格数据格式,即

$$\bar{\sigma} = \bar{\sigma}(\bar{\varepsilon}, \dot{\bar{\varepsilon}}, T) \tag{4-17}$$

式中,$\bar{\sigma}$ 为流动应力;$\bar{\varepsilon}$ 为等效塑性应变;$\dot{\bar{\varepsilon}}$ 为等效塑性应变率;T 为温度。

　　该模型描述了材料温度为 20~2000℃、应变为 0.05~5、应变率为 1~500000s⁻¹ 范围内的流动应力数据,数据点之间采用对数插值。这些数据真实反映了高温、高应变、高应变率下材料的本构关系,完全符合切削过程中的实际情况。工件材料选用 von Mises 屈服准则和各向同性强化准则(isotropic hardening),不考虑工件材料的蠕变效应。对于刚塑性材料本构关系仅需考虑材料的流动应力即可,对于弹塑性材料本构关系还需设定杨氏模量、泊松比和热膨胀系数。

　　由于刀具的强度和硬度远大于工件,所以设定刀具为刚体,使其不参与变形计算,但仍划分网格使其参与传热计算。刀具材料为 YT15,具体数值选用材料库中

WC 基硬质合金的数据,对工件和刀具均需设定各自的热导率和比热容。

通常,用来描述金属材料在高应变率下的塑性变形的本构方程有两类:经验本构方程如 Johnson-Cook 本构方程和以物理意义为基础的本构方程如 Zerilli-Armstrong 本构方程。Johnson-Cook 本构方程的数学描述如式(4-8)所示。表 4-12 为式(4-8)中所需要的各参数值。

表 4-12　AISI-1045 钢 Johnson-Cook 本构方程的参数

材料参数	A/MPa	B/MPa	n	m	T_m/℃	T_r/℃	C	$\dot{\varepsilon}_0/s^{-1}$
AISI-1045	553	600	0.234	1.0	1460	20	0.0134	0.001

4. 初始网格划分

对于刀具网格划分,选用相对网格大小法,直接指定生成网格的数目,程序自动保证在切削刃附近生成相对密集的网格。工件初始网格的划分采用绝对网格大小法,直接指定最小网格的尺寸和网格大小比,程序会自动在曲率较大的轮廓边缘生成更密的网格。

在划分网格时,分别设置边界曲率权重因子、温度权重因子、应变权重因子和应变率权重因子,程序划分初始网格时会在曲率大的区域生成高密度网格,同时自动生成重划分网格时会在温度、应变和应变率梯度较大的区域始终保持高密度网格。当激活网格划分窗口功能时,可以使用多个网格窗口控制局部网格划分密度,并可以使网格窗口跟随刀具运动。

5. 网格自适应重划分

自适应网格重划分需要关注以下两点:

(1) 对象的几何边界特征,此类问题主要表现为应该在几何边界曲率较大的区域划分更多的网格,以更好地实现逼近;

(2) 场变量的梯度,此类问题主要表现为应该在应力梯度、应变梯度、温度梯度等较大的区域划分更多的网格,以保证后续插值计算的精度。

DEFROD-3D 生成的单元均为四节点四面体单元,而 DEFORM-2D 生成的单元均为四节点四边形单元。切削过程中触发网格重划分的准则有四种:①基于干涉深度准则(包括绝对和相对两种);②基于最大行程增量准则;③基于最大时间增量准则;④基于最大步长增量准则。以上准则可以单独使用或同时使用。本书选定同时采用第①种和第④种自适应网格重划分准则。

如图 4-41 所示,由于局部网格重划分相比全局网格重划分具有更小的插值误差和更高的求解效率,所以选用局部网格重划分。由生成的 STRAIN_DST. DAT 文件可知程序自动在高应变梯度的区域划分精密的网格。将生成的 Local

Remeshing 文件中的语句 FURTHER_IMPROVE_CONTACT_ELEMENTS 的取值由 0 改为 1 即可实现接触区域扭曲网格的重划分。

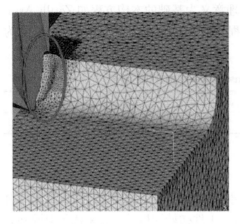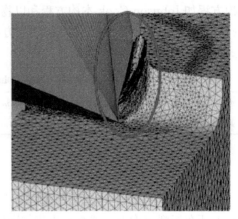

图 4-41　切削过程中自适应网格重划分

6. 动态接触与摩擦

切削仿真中刀具和切屑之间形成接触对,其中刚度较大的刀具为主接触面,切屑为从接触面。切屑与工件之间形成自适应接触。在切削过程中,工件外表面由自由表面和接触表面组成。自由表面上的质点由于塑性变形可能会与刀具表面接触,而接触表面上的质点也可能会与刀具表面分离,两者的变化形成了工件和刀具的动态接触。DEFORM 采用惩罚函数来处理接触问题,选用系统默认的接触分离准则即接触节点所受的拉力大于 0.1MPa 时就发生法向分离。

在一般切削条件下,来自黏结摩擦的摩擦力占全部摩擦力的 85%。因此,切削时刀-屑接触区的黏结摩擦起主要作用,研究时应以黏结摩擦为主要依据。采用黏结摩擦不需要事先知道接触面的正压力分布情况,使用比较方便。本书在 Machining 模块中选用黏结摩擦模型,取摩擦系数为 0.6,同时将摩擦做功转化为热量的系数取为 0.9。

7. 切屑分离与单元删除及损伤软化

由于 DEFORM 切削仿真采用拉格朗日方法描述材料的变形,所以需要考虑切屑的断裂和分离问题。切屑分离准则主要有几何分离准则和物理分离准则。几何分离准则是基于刀刃与刀刃前单元节点的距离大小是否达到分离设定值来进行判断的;物理分离准则主要基于某些物理量(应力、应变和应变能等)是否达到分离设定值来进行判断。几何分离准则比较简单,计算比较容易,但难以反映切屑分离过程中的物理现象。相比之下,采用物理分离准则可以使金属切削的有限元模型更接近实际情况,难点是它需要确定一个可靠的物理临界值来判断材料的损伤和断裂与否。本书采用 DEFORM 中默认的正规化 Cockcroft & Latham 断裂模型来进行工件材料断裂与否的判断。Cockcroft & Latham 准则假设当最大法向应力沿着断裂等效应变路径积分达到材料的极值时发生断裂,表示如下:

$$D_f = \int \frac{\sigma^*}{\sigma} d\varepsilon \qquad (4\text{-}18)$$

式中,D_f 为断裂因子;σ^* 为拉伸最大主应力;σ 为等效应力;$d\varepsilon$ 为等效应变增量。

本书取断裂因子 $D_f = 0.2$。当满足断裂准则时可以通过单元删除和破损软化两种方式来实现切屑分离仿真,前者需要在 Object→Properties→Fracture 中指定删除单元的数目,后者为 DEFORM 中的默认设置。破损软化可以使流动应力超过临界值的单元的流动应力减少为一个很低的值。两者效果比较如图 4-42 所示。

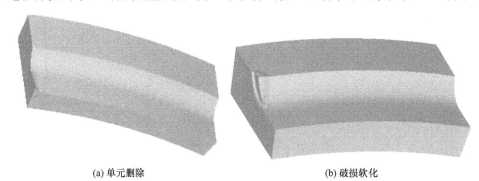

(a) 单元删除　　　　　　　　　(b) 破损软化

图 4-42　单元删除与破损软化切屑分离效果对比

8. 瞬态切削阶段到稳态切削阶段转变的设置

整个切削仿真过程分为瞬态切削和稳态切削两个阶段。瞬态仿真用于刀具刚开始与工件接触直至有足够切屑几何形成过程的仿真,其采用 Lagrangian Incremental 仿真类型。稳态仿真是在瞬态仿真结束后再新建的仿真工序,即在 DEFORM-3D 中新建的 Operation。在稳态切削阶段,程序会提示用户指定切屑的末端表面以作为 ALE(arbitrary Lagrangian-Eulerian)网格的自由边界,来实现材料的流出,如图 4-43 所示。切屑的其他部分则被修正以追踪稳态速度场,其他边界条件由程序自动设定。

描述有限元网格的运动有三种方法:

(1) Lagrangian 网格,材料点与网格点保持重合,单元随着材料变形,适合描述固体与结构的变形,但容易发生严重扭曲。

(2) Eulerian 网格,材料点与网格是相互独立的,网格在空间上是固定的,材料从网格中流过。Eulerian 网格不会随着材料运动而扭曲,但是由于材料通过单元对流,本构方程的处理和更新比较复杂。

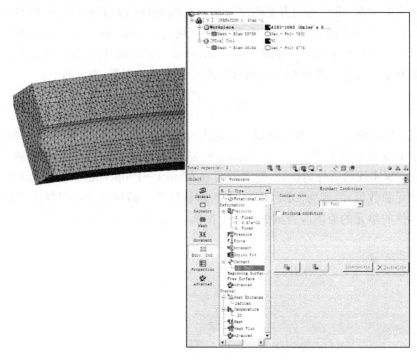

图 4-43　指定切屑自由表面数据点

（3）ALE 网格，节点能够有序地任意运动，在边界上的节点保持在边界上运动，内部的节点运动使网格扭曲最小化。

9. 求解器及迭代方法的选择

DEFORM-3D 中有两种求解器：Sparse 求解器和 Conjugate-Gradient 求解器。前者更适合在切屑的起始阶段使用，以加快求解的收敛速度；后者求解速度更快，同时对内存的占用更少。两种迭代方法中，Newton-Raphson 迭代法可以更少的迭代使求解收敛，求解效率较高，适用于大多数情况下的切削仿真，Directiteration 方法更适合求解收敛比较困难的问题。

10. 切屑形成过程分析

流动网格（flow net）分析法类似于金属切削变形过程模拟实验方法中的网格法。由图 4-44 所示切削仿真中的 Step275 可知，流动网格随着切削的进行在第一变形区内开始发生变形而伸长，越靠近切削刃，网格伸长量越大。在第二变形区内，受前刀面的挤压和摩擦而发生纤维化，使其网格方向基本与前刀面平行，同时第二变形区内在贴近前刀面的切屑底层形成密集网格的滞留层。在第三变形区，由于后刀面的挤压和摩擦,流动网格沿已加工表面也发生伸长和纤维化。

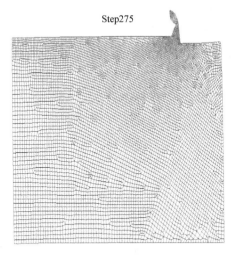

图 4-44 切屑形成时的流动网格

由图 4-45 可知,材料质点在切削刃前方一定距离处已开始发生分流,其中一支沿前刀面发生流动形成切屑,另一支沿后刀面发生流动并产生弹性变形和塑性变形而形成已加工表面。

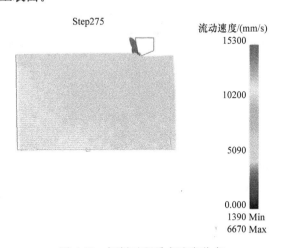

图 4-45 切削过程质点速度分布

切屑的形成存在绝热剪切失稳和韧性断裂两种理论。绝热剪切是切削加工时材料局部塑性变形行为。塑性变形做功引起的局部温度导致材料热软化,而当热软化效应超过材料的变形强化时发生绝热剪切,造成此材料的局部失稳而形成绝热剪切带(adiabatic shear band)。韧性断裂理论认为,韧性断裂是由空洞(void)的聚结和增长引起的,而空洞是材料中由位错堆积、第二相粒子或其他缺陷产生的。

在金属塑性变形中,空洞会不断长大,一定数量的空洞聚结起来会形成裂纹。本书选用的 Cockcroft & Latham 断裂准则就是韧性断裂准则的一种。

图 4-46 显示了切削过程进行到 Step170 和 Step216 时工件材料发生损伤的状况,图中方块内为损伤集中发生的部位,该部位位于切屑形成的前端,它随着刀具的前进逐渐形成并不断扩展。

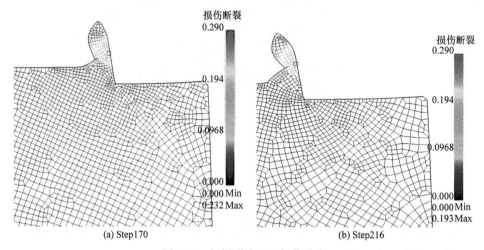

图 4-46　切屑形成过程损伤分布

图 4-47 为切屑形成过程工件等效应力分布图。由仿真结果可知,在切屑的形成过程中,韧性断裂和绝热剪切失稳同时发生作用。切削层金属在刀具的切割和

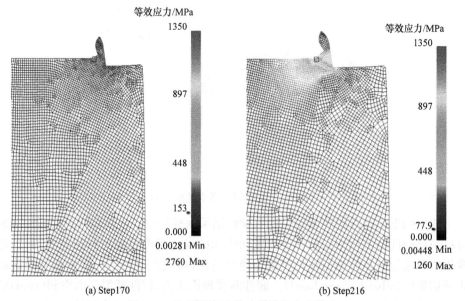

图 4-47　切屑形成过程工件等效应力分布

挤压下发生塑性变形而产生大量热量,而工件材料和刀具的导热性能都不足以使产生的切削热在短时间内散失,从而使切削层金属发生热软化。在热软化效应克服应变硬化的条件下,工件就会在切削力作用下沿着热软化区形成绝热剪切带。同时在切削时,加工硬化会造成应力集中而产生损伤裂纹,随着切削进行,裂纹不断扩展并导致材料发生韧性断裂。

4.2.2　仿真结果分析

1. 应力场与应变场分析

由图 4-48(a)可知,最大压应力发生在切削刃与切屑根部接触的区域,最大拉应力发生在切屑根部以下的工件区域和切屑前端最大损伤的区域,这也证实了韧性断裂在切屑形成中的作用。由图 4-48(b)可知,在第一变形区内,工件的等效应力最大,并形成明显的剪切带,以剪切带为中心,等效应力向四周逐渐减小。由于刀具切削刃钝圆的作用,工件压应力区和等效应力场均延伸至刀具的后刀面,这说明剪切区应力场对第三变形区有直接影响。

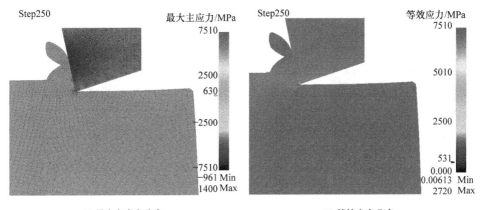

(a) 最大主应力分布　　　　　　　　　　　(b) 等效应力分布

图 4-48　工件最大主应力和等效应力分布

由图 4-49 可知,最大等效应变发生在工件与前刀面接触区,以其为中心向四周逐渐减小。最大主应变区域同样也是工件与前刀面接触的区域,而且沿着刀-屑接触面分布更广。另外,工件沿已加工表面产生明显的拉应变。

由图 4-50(a)可知,刀具最大变形量出现在切削刃处,这是由于切削刃切入工件切削层中承担了大部分切割作用而发生压缩变形。由图 4-50(b)可知,刀具前、后面靠近切削刃的区域等效应力均较大,这是由于这些区域承担了部分切割作用和大部分挤压作用,同时还受到来自切屑和已加工表面强烈的摩擦作用。

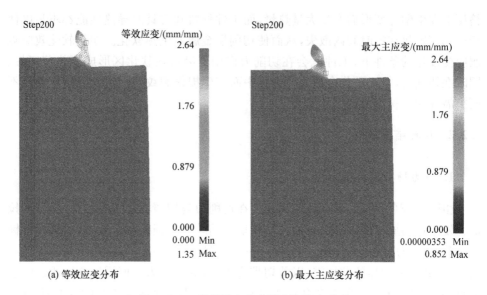

(a) 等效应变分布　　　　　　　　(b) 最大主应变分布

图 4-49　工件等效应变和最大主应变分布

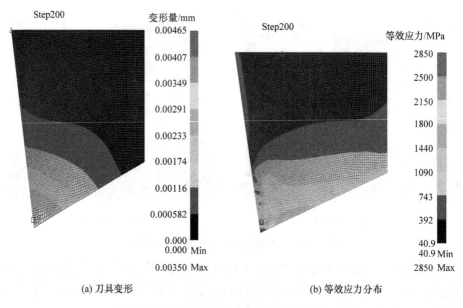

(a) 刀具变形　　　　　　　　(b) 等效应力分布

图 4-50　刀具变形与等效应力分布

由图 4-51 可知,刀具内有拉、压两个应力区,特别是距切削刃口一定距离的刀-屑接触区附近的拉应力区的拉应力最大,并延续到前刀面以下的刀具内部。如果最大拉应力在刀具材料许可的抗拉强度以内,一般不会因机械载荷造成破损。

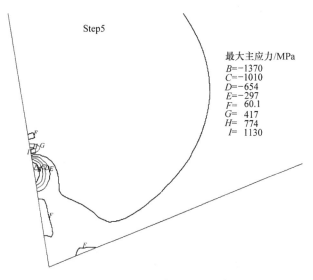

图 4-51　刀具最大主应力分布

2. 温度场与切削温度分析

1) 温度场分析

由图 4-52 可知,工件最高温度出现在切屑底层与前刀面接触处,沿剪切面各点的温度大致相同,垂直于剪切面方向的温度梯度较大。刀具温度的最高点并不在刀刃处,而在前刀面上距离刀刃不远的地方。这是由于切削温度是一个逐渐积累的过程,从刀刃向上的一段距离内,塑性变形和摩擦产生的热量都在不断积累,而其散热条件相差不大,导致切削温度的最高点出现在前刀面上距离刀尖往上的地方,这个位置也是月牙洼磨损容易出现的地方。

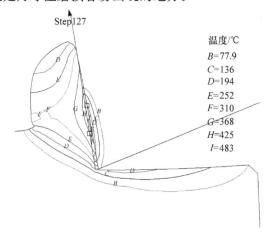

图 4-52　工件与刀具温度场分布

由图 4-53 可知,切屑与前刀面接触区某点 P_1 的温度时间历程可分为塑性变形升温、摩擦升温和与前刀面脱离接触降温三个阶段,而 P_2 点的温度时间历程则可分为塑性变形升温和脱离接触降温两个阶段。切屑与前刀面的剧烈摩擦使刀具前刀面温度明显高于后刀面。有限元模拟结果与应有的金属切削理论一致,由此说明切削过程有限元模拟在温度方面是可行的。

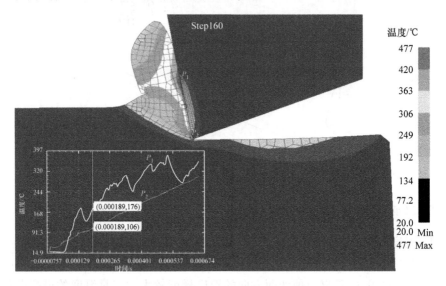

图 4-53　点 P_1、P_2 温度时间历程

2) 切削用量和摩擦系数对切削温度的影响

1931 年,德国切削物理学博士 C. J. Salomon 在对铝、铜等材料进行切削实验时发现:当切削速度不断增加时,切削温度升高到一定峰值后反而下降,切削温度达到峰值时的切削温度称为临界切削速度。由图 4-54 可知,在临界切削速度附近存在一个不适于刀具加工的死区(death valley),其中 v_B 和 v_C 对应的切削温度 θ_B 称为刀具的氧化/扩散温度。当切削速度大于 v_C 时,切削温度下降到刀具许可的温度范围,刀具继续进行加工。当切削温度低于工件的再结晶温度 θ_A 时,工件材料会发生不同程度的加工硬化,因此当切削速度低于 v_A 或高于 v_D 时称为不适合于工件材料的死区,此时刀具虽能保持很好的红硬性,但磨损较为剧烈。因此,切削速度在 v_A 与 v_B 之间或 v_C 与 v_D 之间时加工效果较为理想,此时工件材料发生了不同程度的软化,而刀具则保持了相对较高的强度和硬度,从而使金属切削在宏观上表现为冷加工,但在切削区域的微观范畴内则属于热加工。

本节分别以切削温度、进给量、背吃刀量和刀-屑接触面摩擦系数为实验因素,以切削温度为实验指标进行单因素三水平仿真实验,如表 4-13 所示,研究以上因素对切削温度的影响规律,如图 4-55 所示。

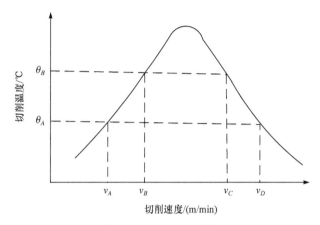

图 4-54　Salomon 曲线

表 4-13　单因素实验方案与仿真结果

切削温度 T/℃ 因素水平	$-1/T$		$0/T$		$1/T$	
切削速度 v_c/(m/min)	100	565	300	787	500	965
进给量 f/(mm/r)	0.1	522	0.2	565	0.3	597
背吃刀量 a_p/mm	0.5	561	1	565	1.5	568
刀-屑接触面摩擦系数 μ	0.2	475	0.4	512	0.6	565

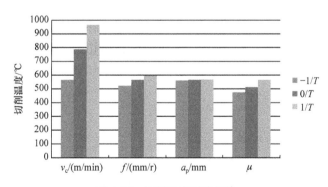

图 4-55　切削温度影响规律

由图 4-55 可知,切削用量中切削速度对切削温度的影响最大,进给量次之,背吃刀量影响最小。由切削温度随切削速度增大而升高的趋势可知,仿真所选的切削速度段位于 Salomon 曲线的 v_A 与 v_B 之间。随着切削速度的提高,一方面切削功率增大,使产生的切削热增多;另一方面,刀-屑接触面单位时间产生的摩擦热增多,且大量积聚在切屑底层,使传给刀具的热量随之增多。尽管摩擦热大部分被切屑底层金属带走,但刀-屑接触区温度仍随切削速度的增大而明显升高。

　　进给量增大时,一方面切削功率增大,切削热增多,同时刀-屑接触长度增大,摩擦热也增多,切削温度上升;另一方面切屑厚度加大,比热容增大,由切屑带走的热量也增多,切削温度的上升不显著。

　　背吃刀量对切削温度的影响很小。背吃刀量增大时,参加切削工作的切削刃长度也呈正比例增长,散热条件改善,从而使切削温度的升高并不明显。

　　因此,在优选切削用量以提高生产率时,应首先尽量选用大的背吃刀量,然后根据加工条件和加工要求选取允许的最大进给量,最后在刀具使用寿命允许的情况下选取最大的切削速度。

　　由图 4-55 可知,刀-屑接触面摩擦系数 μ 对切削温度有重要影响,切削温度随 μ 的增大而升高。在实际切削过程中,刀-屑接触面摩擦系数与切削温度是相互影响的:一方面,摩擦的存在使刀-屑接触区的温度升高;另一方面,刀-屑接触区温度的升高会使切屑底层金属的强度下降,进而引起刀-屑接触面摩擦系数下降。

3. 刀具磨损分析

　　切削过程中,在前刀面、后刀面和与切屑、工件的高温、高压接触区内发生着强烈的摩擦,随着切削的进行,刀具将逐渐出现前刀面磨损(月牙洼磨损)和后刀面磨损。刀具磨损是机械、热、化学综合作用的结果,可以产生磨料磨损、黏结磨损、扩散磨损和氧化磨损;在不同的工件材料、刀具材料和切削条件下,磨损原因和磨损的强度是不同的。因此,实现对刀具磨损的准确预测和模拟是相当困难的。

　　DEFORM 中提供的 Usui 磨损模型更适合金属切削等扩散磨损起主要作用的连续工艺过程,其具体的数学表达式为

$$w = \int apv e^{-b/T} dt \qquad (4\text{-}19)$$

式中,a、b 为实验标定的系数;v 为滑动速度;T 为界面温度。

　　本书中,a、b 取 DEFORM 的推荐值 $a=0.000001$,$b=855$。同时,刀具设置时需在 Property→Advanced→Element Data 中设定刀具材料 YT15 的硬度值为 78HRC。

　　由图 4-56 可知,切削过程中刀具的前、后刀面发生了较为强烈的磨损。对刀具磨损的仿真只是定性揭示刀具在相应区域发生磨损及磨损程度的概率,但在标定系数准确的前提下,可提供具有相当价值的参考。观察可知,图 4-57 中刀具发生磨损的区域与图 4-56 一致。

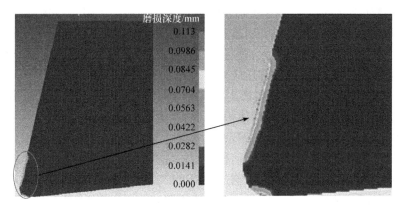

图 4-56　刀具磨损仿真

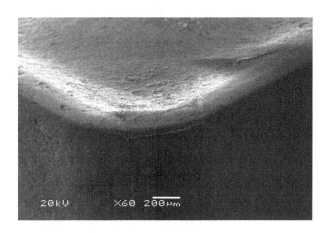

图 4-57　扫描电子显微镜测量非涂层刀具磨损

4. 残余应力分析

1) 残余应力基本理论

切削加工后,工件已加工表面残存的三维内应力为残余应力。残余应力有残余拉应力和残余压应力之分,应力的大小随距离已加工表面的深度不同而变化。由于没有外力,最外层应力与里层的应力符号相反,彼此平衡。已加工表面层残余应力的成因有三个。

(1) 弹塑性变形作用。在切削力的作用下,工件已加工表面发生强烈的塑性变形,而里层则发生弹性变形。切削过后,里层弹性变形趋于恢复,但受已产生塑性变形的表面层的牵制,恢复不到原状,因而在表面层产生残余应力。残余应力的性质取决于里层金属发生的弹性变形是拉伸还是压缩,若里层金属弹性拉伸,则表层为压应力;若里层金属弹性收缩,则表层为拉应力。

(2) 热塑性变形作用。在切削过程中，由于切削热的作用，工件已加工表面层温升较高，而里层温升较低。切削过后，已产生塑性变形的表层与里层金属均要降低到室温，因此表层伸缩量较大，里层伸缩量较小，表层的收缩受里层的牵制，因而会在表层残存拉应力，里层残存压应力。

(3) 相变作用。高速切削时产生的高温有时可达 600~800℃，表层金属有可能发生相变。由于各种金相组织体积不同而产生残余应力。

工件已加工表面层内呈现的残余应力，是上述因素综合作用的结果。最终残存的是拉应力还是压应力，取决于何种作用占优势。

残余应力会引起工件变形，影响加工精度的稳定性。同时，残余应力影响零件的疲劳强度，残余拉应力会使零件疲劳强度下降，残余压应力会使零件疲劳强度提高。影响残余应力的因素有多种，主要包括刀具前角、刀具磨损、切削用量等。若要提高零件的疲劳强度，可以采用喷丸、滚压等方法，将零件表层的残余拉应力转变为残余压应力。

2) 一次走刀残余应力仿真与分析

本节在 DEFORM-2D 中根据 AISI-1045 钢的 Johnson-Cook 本构方程建立工件材料的弹塑性有限元模型，以便进行残余应力分析。利用 Point Tracking 和 State Variable Between Two Points 提取仿真结果进行相关分析。

如图 4-58 所示，从工件已加工表面向下 1mm 范围内均匀设定 50 个点，分别提取各点的残余最大主应力、切削方向（x 方向）残余应力和进给方向（y 方向）残余应力，以获取残余应力沿工件深度方向的分布情况。

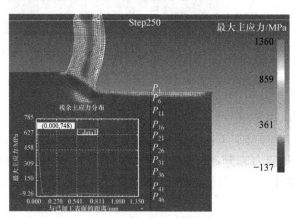

图 4-58　工件残余最大主应力分布与提取

3) 切削速度对残余应力的影响

这里研究进给量为 0.3mm/r，切削速度分别为 120m/min、480m/min、960m/min 时工件残余应力的分布。

如图 4-59～图 4-61 所示,切削速度对残余最大主应力和切削方向的残余应力影响较大,而对进给方向的残余应力影响不大。残余最大主应力与切削方向的残余应力随切削速度变化有几乎相同的趋势。切削速度增加时,切削温度随之升高,热应力占主导地位,表面层产生残余拉应力且随着切削速度的提高而增大;当切削速度超过一定值时,残余拉应力下降。由于切削力随切削速度的增加而减少,所以塑性变形区域随之减少,残余应力层的深度也减小。切削速度对已加工表面进给方向的残余应力影响不大,但使次表层的残余压应力增大。

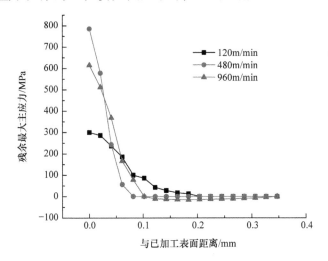

图 4-59　工件残余最大主应力与切削速度的关系

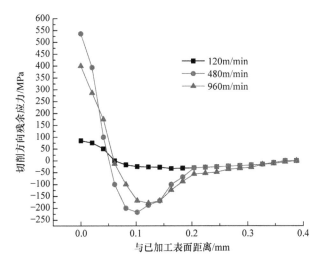

图 4-60　切削方向残余应力与切削速度的关系

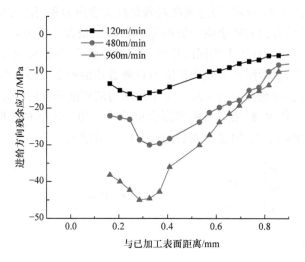

图 4-61　进给方向残余应力与切削速度的关系

4）进给量对残余应力的影响

这里研究切削速度为 120m/min，进给量分别为 0.2mm/r、0.3mm/r、0.5mm/r 时工件残余应力分布情况。

由图 4-62 和图 4-63 可知，已加工表面残余最大主应力为拉应力，进给方向残余应力为压应力。随着进给量的增加，加工表面残余最大主应力层深度和切削方向残余应力层深度改变不明显，但进给方向残余应力层明显加深。

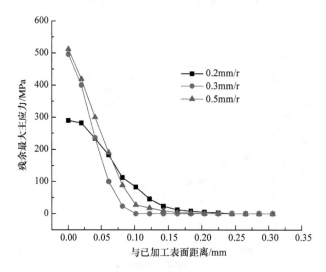

图 4-62　残余最大主应力与进给量的关系

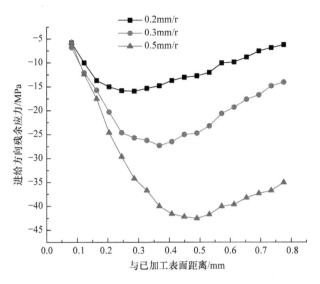

图 4-63　进给方向残余应力与进给量的关系

4.2.3　切削实验与仿真结果对比分析

1. 实验方案与实验结果

如表 4-14 和表 4-15 所示,对 45 号钢工件分别就切削速度、背吃刀量、进给量进行单因素四水平实验,以切削力为实验指标。其中刀具几何参数为主偏角 $k_r=$ 45°、刃倾角 $\lambda_s=0$°、前角 $\gamma_0=10$°、后角 $\alpha_0=5$°。

表 4-14　单因素实验方案

背吃刀量 1mm	进给量 0.3mm/r	切削速度 150m/min	进给量 0.3mm/r	切削速度 150m/min	背吃刀量 1mm
切削速度/(m/min)		背吃刀量/mm		进给量/(mm/r)	
50(1)		1(5)		0.2(9)	
100(2)		2(6)		0.3(10)	
150(3)		3(7)		0.4(11)	
200(4)		4(8)		0.5(12)	

表 4-15　实验结果汇总

序号　切削力/N	仿真值	实验值	经验值
1	765(13%)	677	617(8.86%)
2	664(11.22%)	597	577(3.35%)
3	637(10.78%)	575	507(11.83%)
4	588(8.29%)	543	493(9.21%)
5	613(10.45%)	555	505(9.01%)
6	1302(12.53%)	1157	1010(12.71%)
7	1886(13.27%)	1665	1515(9.01%)
8	2386(9.05%)	2188	2020(7.68%)
9	467(11.19%)	420	375(10.71%)
10	624(12.64%)	554	506(8.66%)
11	745(10.7%)	673	629(6.54%)
12	905(7.74%)	840	744(11.43%)

注:括号内数字为仿真值、经验值与实验值偏离的相对误差。

采用指数型经验公式对切削力进行估计,有

$$F_c = C_{F_c} a_p^{X_{F_c}} f^{Y_{F_c}} v_c^{n_{F_c}} K_{F_c} \tag{4-20}$$

通过查表得:$C_{F_c}=2650, X_{F_c}=1.0, Y_{F_c}=0.75, n_{F_c}=-0.15, K_{F_c}=0.906$。

如图 4-64 所示,由不同的采样频率的时域信号图可以看出,振动信号在时域波形上存在显著的自仿射相似性,即它们具有分形特征,这对于认识切削加工过程中摩擦的性质和行为具有重要意义。

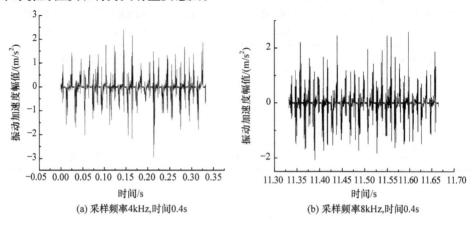

(a) 采样频率4kHz,时间0.4s　　　　　(b) 采样频率8kHz,时间0.4s

图 4-64　振动信号的时域波形

2. 仿真与实验结果对比与分析

对切削加工过程实验结果与有限元仿真结果进行比较分析可以发现,两者具有相同的发展趋势,而且仿真结果与实验结果的相对误差在 15% 以内,说明仿真结果与实验结果具有一定的合理性。

仿真结果与实验值之间产生误差的主要原因总结如下:

(1) 有限元模型进行了一定程度的简化,如将工件材料设定为完全各向同性材料,将刀具作为绝对锋利的刚体而不考虑其磨损;

(2) 仿真环境为干切削,未考虑冷却液对加工过程的润滑作用;

(3) 有限元迭代过程中本身会引入计算误差,在仿真过程中自适应网格重划分也会不断引入插值误差;

(4) 有限元仿真中摩擦系数、热导率等参数的设置与实际情况存在偏差,也使模拟结果不可能同实际结果完全一致。

对切削实验和仿真结果进行分析可知,随着切削速度的增加,切削温度逐渐升高,被切削材料的强度随之下降,切削变形区的摩擦系数逐渐减小,导致切削力随切削速度的增大而减小。

背吃刀量和进给量对切削力影响的趋势是相同的,但影响的程度略有差异。背吃刀量和进给量增加时,变形抗力和摩擦力增大,因而切削力随之增大。背吃刀量增加会导致刀具负荷呈正比例增加,进而引起切削力呈正比例增加。但当进给量增加一倍时,切削力只增加 70%~80%。

4.3　切削力分形特性研究

4.3.1　切削过程有限元仿真

1. 刀具和工件几何模型的建立

DEFORM-2D 能建立简单的线框模型,而 DEFORM-3D 不具备自身建模的能力,但其提供了与其他软件相关的接口,例如,可以用 Pro/E 中建立刀具和工件的装配模型,分别以 STL 的格式保存,然后导入 DEFORM-3D 中。需要注意的是,DEFORM-3D 操作环境的坐标系与 Pro/E 中默认的坐标系相同,此坐标系将作为 DEFORM-3D 默认的坐标系。另外,DEFORM-3D 本身也带有常用的基本模型,如本章切削分析模块中用到的刀具几何模型为 CNMA432 刀具,其外观及规格如图 4-65 和表 4-11 所示,其中该刀具的加紧方式选为 DCKNL。

DEFORM-3D 可以通过输入工件的基本尺寸来建立几何模型,本次模拟使用的工件为回转类工件,尺寸为 $\phi 78$mm,输入分析工具弧角 20°,再单击"Creat geometry"便可以建立工件几何模型,如图 4-66 和图 4-67 所示。

图 4-65　DEFORM-3D 中的刀具几何模型

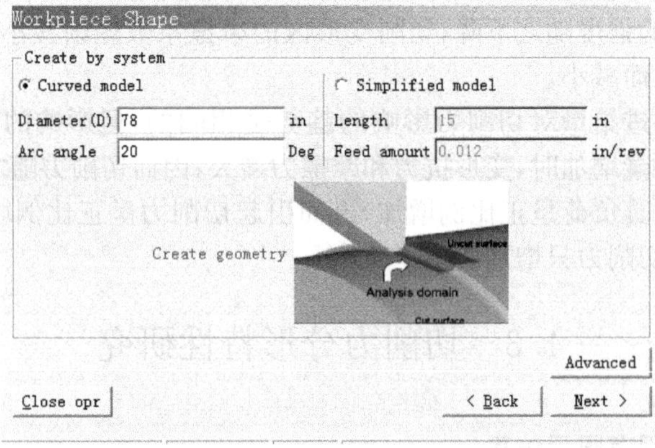

图 4-66　DEFORM-3D 中的刀具几何基本尺寸设置

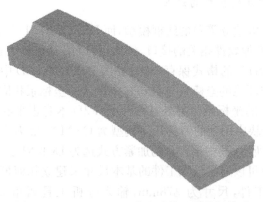

图 4-67　DEFORM-3D 中生成的刀具几何模型

2. 刀具和工件材料模型的建立

DEFORM 的理论基础是经过修订的拉格朗日定理,属于刚塑性有限元法,其材料模型包括刚性材料模型、塑性材料模型、多孔材料模型和弹性材料模型。作为一款商用软件,DEFORM-3D 内置了 50 多种常用的工程材料,为了更加逼近实际工程模型,DEFORM-3D 的材料都是经过严格实验之后添加的,这也是 DEFORM-3D 的仿真结果比较准确的原因之一。但不足的是,DEFORM-3D 并未包含目前所有的工程材料,如本书所用的材料灰铸铁(HT200)。目前,对仿真分析中材料库里没有的材料进行仿真,并没有很好的解决办法。此种情况下,可以通过相关的实验来获得该材料的各项材料特性,如泊松比、热膨胀系数、热导率、热容和温度等参数特性,以及对比其应力、应变率和温度模型之间的相互联系,选择合适的材料模型,即可创建新材料。通过搜集该材料的相关应力-应变曲线、温度曲线以及硬度参数等,选择合适的材料模型,也可建立一个新的材料。当前 DEFORM-3D 对于连续切削的分析结果较为准确,但是对于像灰铸铁这样的非均质材料则模拟不准确,所以当前也未有相关的文献报道。限于当前的实验条件,本书采用AISI-1030 钢代替灰铸铁切削过程,通过 DEFORM 后处理得到切削力,并将得到的切削力模拟数据与实验数据相比,若两者的变化趋势具有一致性,则可说明有限元分析结果具有可信度。

对于刀具材料,则选用刀具库中 WC 基硬质合金的数据。由于刀具的强度和硬度远大于工件,所以在分析中将其设置为刚体,不参与变形计算,但是仍然对其进行传热计算。

材料的本构模型一般用来描述材料的动态力学性能,动态力学性能是指,在材料微观结构确定时,变形温度、速度和变形程度都会对流动应力产生不同程度的影响,它们之间的数值关系在数学函数上可以表示为流动应力-温度关系和应变率-应变参数关系等。

应变率敏感性、应变和应变率加载历程相关性、温度敏感性等材料性能都是材料本构模型需要的。切削加工材料的本构模型显示了灰铸铁在切削过程中物质本质的变化,切削过程中的热、力等物理现象是影响切削过程的重要因素,也是灰铸铁切削数值模拟的关键。由于切削中材料的强物理非线性,需要使用塑性流动理论的本构方程处理其应力增量 $d\sigma$ 与应变增量 $d\varepsilon$ 之间的关系:

$$d\sigma = D_{ep}d\varepsilon, \quad d\varepsilon = d\varepsilon_e + d\varepsilon_p + d\varepsilon_T \tag{4-21}$$

式中,$d\varepsilon_e$ 是弹性应变增量;$d\varepsilon_p$ 是塑性应变增量;$d\varepsilon_T$ 是热应变增量;D_{ep} 是弹塑性矩阵。

以上述理论为基础,在 Johnson-Cook 模型的基础上建立灰铸铁材料的本构模型为

$$\sigma = (552 + 540\varepsilon^{0.3})(1 - 0.07\ln\dot\varepsilon + 0.0054\ln^2\dot\varepsilon)\left[1 - \left[\frac{T - T_r}{T_m - T_r}\sqrt{\frac{T_m}{6T}}\right]^{1.15}\right]$$

$$(4\text{-}22)$$

式中，σ、$\dot\varepsilon$、ε 分别为试件材料的屈服应力、塑性应变率、塑性应变；T 为温度；T_r 为室温，取 20℃；T_m 为熔点，取 1250℃。

3. 网格自适应划分

金属切削过程中一般都存在大变形问题，在有限元分析中，材料有时会产生较大的变形，而变形会导致已经划分好的网格产生畸变，如果网格畸变太严重，那么将会影响后续的分析，使后续分析的结果不可靠，有时甚至会出现计算终止的情况。因此，当网格畸变时，应该对网格进行二次划分以适应后续求解的需要。现在常用的网格划分有以下准则，即单元畸变准则、增量步准则等，这些准则可以单独使用，也可以几个结合起来使用，这往往是依据分析的类型和精度来决定的。

DEFORM-3D 的单元类型是经过特殊处理的四面体，四面体单元比六面体单元容易实现网格重划分。DEFORM-3D 有强大的网格重划分功能，当变形量超过设定值时自动进行网格重划分。在网格重划分时，工件的体积有部分损失，损失越大，计算误差越大，DEFORM-3D 在同类软件中体积损失最小。

本书模拟的金属切削加工属于大变形问题，随着切削的进行，与刀具接触处的网格会发生严重扭曲，导致在进行等参数变换时雅可比矩阵行列式为零或负值，使计算难以进行。网格畸变还会使刀具嵌入材料内部而与实际情况不符，使求解无法进行。所以，对复杂的大变形问题，有限元程序在网格变形到一定程度时，必须停止计算，在重划分生成新的网格后再开始继续计算。因此，在切削模块中，选用绝对划分方式对工件进行网格划分，当网格畸变时系统会自动调整网格，且系统会自动在接触大变形区对网格细分，这样计算得到的结果准确可靠。如图 4-68 所示，本书所用模拟划分的网格，刀具为 25000 个，工件为 35000 个。

有时为了计算的方便和计算精度的提高，需要将局部网格细分，而其余部分的网格粗分，这样可以减少单元数量和计算时间，提高精度。具体做法是先对网格进行粗划分，然后设置权重因子（weighting factor），再结合网格设置窗口（mesh window）对需要细分的部位进行网格细化分，如图 4-69 所示。

目前 DEFORM-3D 有三种类型的目标位置细分类型，即长方体类型、圆柱体类型和环形柱类型，选择完毕，可以拖动至合适位置，单击划分按钮即可完成网格的局部细化分，如图 4-70 所示。

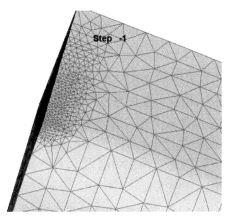

Step -1

图 4-68　网格的自适应划分

Type
System Setup
User Defined
General
Weighting Factors
Mesh Window
Coating
Surface Curvature
0.000
Temperature Distribution
0.020
Strain Distribution
0.333
Strain Rate Distribution
0.333
Mesh Density Windows
0.333
Finer internal mesh
Surface Mesh
Solid Mesh
Default Setting
Show Mesh

图 4-69　网格设置窗口

Window Defini...
+X

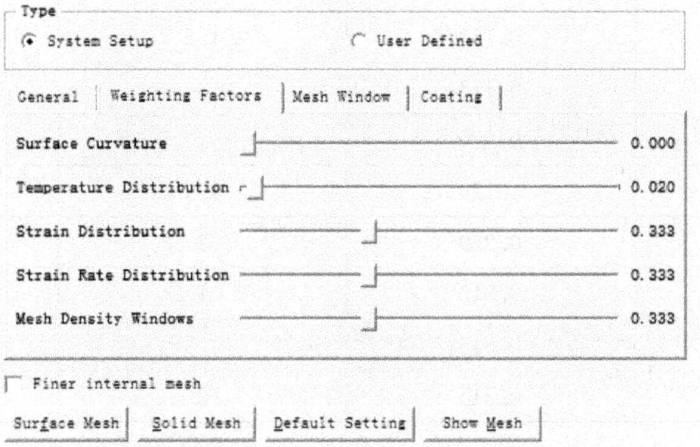

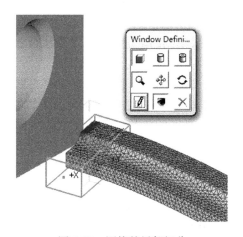

图 4-70　网格的局部细分

4.3.2 切削实验与仿真结果对比分析

1. 切削实验与方差分析

在金属的切削过程中,切削力是指当刀具切入工件时,使被加工材料发生变形成为切屑所需要的力,它包含三个方向的分量,即主切削力 F_z、进给抗力 F_x 和切深抗力 F_y 三部分。在实际生产中,主切削力 F_z 通常用来计算车刀强度、设计机床零件以及确定机床功率,因此选择主切削力 F_z 作为研究对象具有重要意义,实验用参数如表 4-16 所示。

表 4-16　灰铸铁切削实验切削参数表

实验编码	进给量 $f/(\text{mm/r})$	背吃刀量 a_p/mm	切削速度 $v_c/(\text{m/min})$
1	0.153	1	34.29
2	0.153	1.5	44.09
3	0.153	2	53.88
4	0.220	1	44.09
5	0.220	1.5	53.88
6	0.220	2	34.29
7	0.315	1	53.88
8	0.315	1.5	34.29
9	0.315	2	44.09

实验运用三因素三水平法,共做了 9 组切削实验。所用切削力测试系统示意图如图 3-8 所示。使用切削力测试实验装置对灰铸铁进行切削力的测试实验,将测力仪代替车刀刀架固定在车床上,车刀装在测力仪上,将各数据线与计算机连接好。在车削过程中,测力仪采集到的电信号经电荷放大器放大,再由数据采集系统记录并存储到计算机中,并用相关软件进行分析。

在切削过程中,根据广义泰勒公式,切削用量三要素即背吃刀量 $a_p(\text{mm})$、进给量 $f(\text{mm/r})$ 和切削速度 $v_c(\text{m/min})$ 是影响切削力 F_c 的三个主要因素,它们之间的关系如下:

$$F_c = C a_p^x \cdot f^y \cdot v_c^z \tag{4-23}$$

式中,C 为影响系数,x、y、z 表示各因素对切削力的影响程度指数。将式(4-23)两边取对数可得

$$\lg F_c = \lg C + x \lg a_p + y \lg f + z \lg v_c \tag{4-24}$$

式中,各参数呈线性关系,利用三元线性回归法进行数据处理。设 $\lg F_c = Y, a_0 = \lg C, a_1 = x, a_2 = y, a_3 = z$,则式(4-24)可转化为

$$Y=a_0+a_1\lg a_\mathrm{p}+a_2\lg f+a_3\lg v_c \tag{4-25}$$

根据刀具的切削实验数据,通过线性回归求解模型常数,可以得到刀具切削力预测模型。式(4-25)可转化为

$$\bar y=b_0+b_1x_1+b_2x_2+\cdots+b_px_p \tag{4-26}$$

这是一个线性方程,在自变量 $x_1,x_2,\cdots,x_p$ 之间存在着线性关系。由于存在实验误差 $\boldsymbol{\varepsilon}$,则上述数据可建立线性回归方程,矩阵形式可表示为

$$\boldsymbol{Y}=\boldsymbol{\beta X}+\boldsymbol{\varepsilon} \tag{4-27}$$

式中,$\boldsymbol{\varepsilon}$ 为误差,$\boldsymbol{\beta}$ 为 b 的估计值,忽略实验误差的影响,线性回归方程为

$$\hat y=b_0+b_1x_1+b_2x_2+\cdots+b_px_p \tag{4-28}$$

式中,$b_0,b_1,\cdots,b_p$ 为回归系数。

由此可知:

$$\boldsymbol{b}=(\boldsymbol{X}^\mathrm{T}\boldsymbol{X})^{-1}\boldsymbol{X}^\mathrm{T}\boldsymbol{Y} \tag{4-29}$$

式中,$\boldsymbol{X}^\mathrm{T}$ 为 $\boldsymbol{X}$ 的转置矩阵,$(\boldsymbol{X}^\mathrm{T}\boldsymbol{X})^{-1}$ 为 $\boldsymbol{X}^\mathrm{T}\boldsymbol{X}$ 的逆矩阵。

为了减少实验时间和实验次数,本节采用正交法进行正交实验。切削实验参数水平及实验结果如表 4-17 所示。为了排除刀具磨损对切削力的影响,表中的切削力为使用新刀具开始加工时测得的实验结果。

表 4-17　灰铸铁切削实验参数、水平编码及实验结果

实验序号	切削用量			水平编码			实验结果
	$f/(\mathrm{mm/r})$	a_p/mm	$v_c/(\mathrm{m/min})$	f	a_p	v_c	切削力 F_c/N
1	0.153	1	34.29	−1	−1	−1	340.83
2	0.153	1.5	44.09	−1	0	0	415.71
3	0.153	2	53.88	−1	1	1	468.12
4	0.220	1	44.09	0	−1	0	381.26
5	0.220	1.5	53.88	0	0	1	456.14
6	0.220	2	34.29	0	1	−1	540.00
7	0.315	1	53.88	1	−1	1	433.68
8	0.315	1.5	34.29	1	0	−1	534.01
9	0.315	2	44.09	1	1	0	647.82

根据式(4-25),按照回归分析程序,可算出系数 a_0、a_1、a_2、a_3,即可得出式(4-23)中的系数和指数,从而建立加工灰铸铁的切削力公式为

$$F_c=807.42a_\mathrm{p}^{0.512}\cdot f^{0.377}\cdot v_c^{-0.044} \tag{4-30}$$

从式(4-30)中各因素对切削力的影响程度指数可以看出,背吃刀量 a_p 对切削力 F_c 的影响最大,进给量 f 对其影响次之,切削速度 v_c 对其影响是最小的。

在实际应用过程中,为了检测所得的切削力实验模型的准确度,下面对切削力

F_c 进行方差分析。本实验安排了 $m=3$ 个影响因素,即进给量 f、背吃刀量 a_p 和切削速度 v_c,实验总次数为 $n=9$,实验结果为 $Y_1 \sim Y_9$,每个因素有 $n_a=3$ 个水平,每个水平做 $a=3$ 次实验。

总离差平方和 S_T 为

$$S_T = \sum_{k=1}^{n} Y^2 - \frac{1}{n} \left(\sum_{k=1}^{n} Y \right)^2 = 0.0574 \tag{4-31}$$

进给量 f 离差平方和为

$$S_A = \frac{1}{a} \sum_{i=1}^{n_a} \left(\sum_{j=1}^{a} Y_{ij} \right)^2 - \frac{1}{n} \left(\sum_{k=1}^{n} Y \right)^2 = 0.021 \tag{4-32}$$

式中,Y_{ij} 表示进给量 f(因素 A)第 i 个水平、第 j 个实验的结果。

同理计算出背吃刀量 a_p(因素 B)和切削速度 v_c(因素 C)的离差平方和,即 $S_B=0.0357$,$S_C=0.000033$。

因此,回归离差平方和 $S_回 = S_A + S_B + S_C = 0.0567$;剩余离差平方和 $S_剩 = S_T - S_回 = 0.0007$;回归离差均方和 $\mu = S_回/3 = 0.0189$;剩余离差均方和 $\varphi = S_剩/(n-3-1) = 0.00014$;$F = \mu/(3\varphi) = 45$。

由以上结果作出切削力 F_c 方差分析表如表 4-18 所示。

表 4-18　切削力方差分析表

方差来源	离差平方和	自由度	均方和	F
回归	0.0567	3	0.0189	45
剩余	0.0007	5	0.00014	
总计	0.0574	8		

从 F 分布表中查出临界值 $F_{0.01}(3,5)=12.1$,则 $F=45 > F_{0.01}(3,5)$,这说明所选的实验点比较集中,建立的公式(4-30)具有很高的可信度,则实验模型与各个实验点间存在很高的拟合度。

为了更好地研究切削工艺参数对切削力的影响,对背吃刀量 a_p(mm)、进给量 f(mm/r)和切削速度 v_c(m/min)进行进一步研究。由图 4-71 可见,当背吃刀量 $a_p=1.5$mm、切削速度 $v_c=53.88$m/min 时,随着进给量 f 的增加,切削力 F_c 缓慢增加。当进给量从 0.153mm/r 增加到 0.315mm/r 时,切削力仅增大了 28%,可以看出,在加工灰铸铁时进给量 f 对切削力的影响并不大。

由于进给量 f 对切削力的影响不大,以下着重对背吃刀量和切削速度进行分析。图 4-72 为进给量 $f=0.153$mm/r 时,切削力随切削速度与背吃刀量的变化曲面。随着背吃刀量 a_p 的增大,切削力 F_c 逐渐增大,上升幅度较明显。从加工灰铸铁的切削力公式(4-30)中也可以看出,背吃刀量 a_p 的影响指数最大,说明理论公式与实验数据吻合情况较好。而切削速度 v_c 与背吃刀量 a_p 相比,对切削力 F_c 的

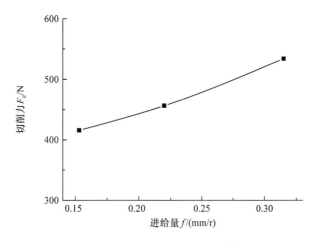

图 4-71　切削力随进给量的变化曲线

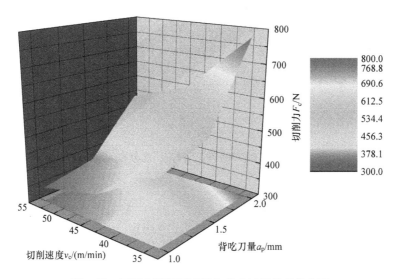

图 4-72　切削力随切削速度与背吃刀量的变化曲面

影响相反,随着切削速度 v_c 的增大,切削力反而缓慢减小。

主要原因在于:首先,随着切削速度 v_c 的增大,刀具前角 γ_0 增大,切削变形小,所以切削力 F_c 减小。其次,当切削速度 v_c 增大时,切削温度升高,导致灰铸铁的硬度和强度降低,其剪切屈服强度随之降低,切削力减小。

2. 有限元仿真分析

在设定好刀具和工件模型后,再定义相关参数,本书模拟的为切削(Turing),故设置切削速度、进给量、背吃刀量等数据之后,即可生成数据库 DB 文件,单击运行即可对切削过程进行仿真计算。等待计算完毕后,可以通过 DEFORM-3D 的后处理模块来查看切削过程中的各种参数,如等效应力、温度分布、切削力等随时间或者步长的变化曲线。

利用 DEFORM-3D 强大的后处理功能,可以动态地显示切削过程中温度随切削过程的变化情况。图 4-73 和图 4-74 分别为切削过程中第 200 步和第 800 步时工件的温度分布云图。

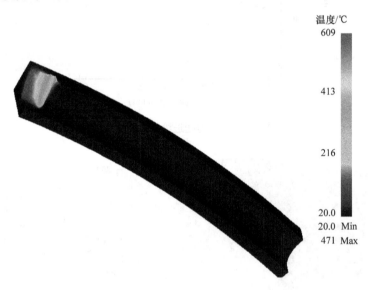

图 4-73　第 200 步时工件的温度分布云图

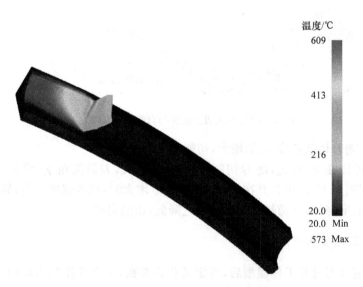

图 4-74　第 800 步时工件的温度分布云图

比较两图可以很直观地看出温度的分布及变化情况,由于开始时刀具和工件都为室温 20℃,所以刚开始切削时温度并不高;随着切削的进行,刀具和工件由于接触伴随着大量的摩擦和变形,导致工件迅速升温。还可以看出,工件与刀具接触部位刀尖部分的温度最高,且温度在切屑上的分布情况是从内向外逐渐降低,这完全符合实际的切屑温度分布情况。

同理,也可以得到切削过程中的等效应力分布,图 4-75 为切削过程中第 500 步时工件的等效应力分布云图,从中可以很直观地看出最大应力分布区、过渡区等。

图 4-75　第 500 步时工件的等效应力分布云图

4.3.3　切削力的分形特性分析

1. 切削力分形的研究方法

分形理论经过近几十年的发展,越来越多地应用到各个领域,成为一门前沿学科。而在机械领域,分形理论的引入解决了一些长久以来难以解决的问题,推动了机械学科的发展。在金属切削方面,对切削力分形特性的研究是很有意义的,结合分形理论对切削力的分形特性进行研究,求得分形维数,可以根据分形维数来预估与选择合理的切削参数。

切削力表现在图形上主要由两部分组成,即静态分量和动态分量,已有学者分别对其进行了研究,但是对有限元模拟切削力信号的分形研究却少有报道。本书基于 DEFORM 获得主切削力变化信号,并对其进行分形研究。

对主切削力分形特性的研究,主要集中在求其分形维数,它可以定量地描述分形特性,分形维数越大,表明信号越不稳定,切削平稳性越差,在分布图上表现为信号局部起伏较大,信号相邻点关联性较弱。反之,分形维数越小,表明信号波动越小,切削越平稳,相应的加工质量也会有所提高。

2. 主切削力分形维数的求解

目前分形维数的计算方法有改变观察尺度求维数、根据测度关系求维数、根据相关函数求维数、根据分布函数求维数、根据频谱求维数,其中,根据频谱求维数较为广泛和简便,主要是根据式(3-5)~式(3-9)的方法求得,本书所用方法为根据频谱求维数。

依据频率谱的观点,改变某处的截止频率 f_c,即可改变观察尺度。这里的截止频率是指把比此处更小的振动成分舍去的界限频率。即使改变截止频率 f_c 也不会改变频谱的形状。也就是说,当进行观测尺度的转换时,f-λ 波谱形状也不会改变。

通过单击 DEFORM 后处理按钮进入后处理界面,在后处理界面,绘制出模拟切削力的仿真信号,并提取出切削力数据,保存为文本文件。通过数据分析软件 Origin 读取文档,并绘制出主切削力变化信号。按照表 4-16 中灰铸铁切削实验参数,获得了 9 组双对数坐标下主切削力的 FFT 功率图和 FFT 功率谱的分形维数拟合图,这里以第二组、第四组、第六组和第八组为例进行解释。

由于从 DEFORM 中提取的信号为时域信号,所以需要对其进行快速傅里叶变换,从而得到主切削力信号的功率谱。由于功率谱无明显峰值,并且是连续的功率谱,可以证明切削力的模拟信号是一种随机信号。依据分形理论,若信号是随机离散信号,则可以用分形维数来描述。根据功率谱运用 Origin 作双对数坐标图,然后用最小二乘法进行数据拟合,求得标度指数 β,如图 4-76~图 4-83 所示。

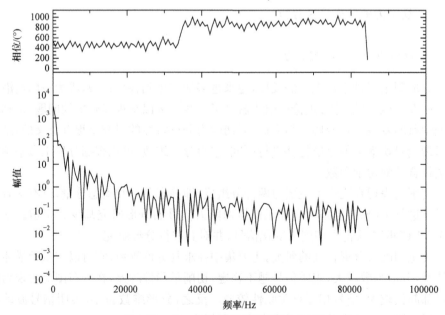

图 4-76　第二组主切削力的 FFT 功率谱

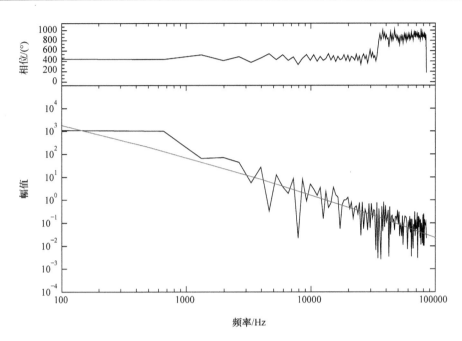

图 4-77　第二组双对数坐标下 FFT 功率谱的分形维数拟合图

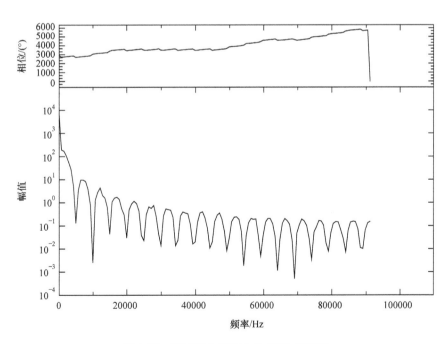

图 4-78　第四组主切削力的 FFT 功率谱

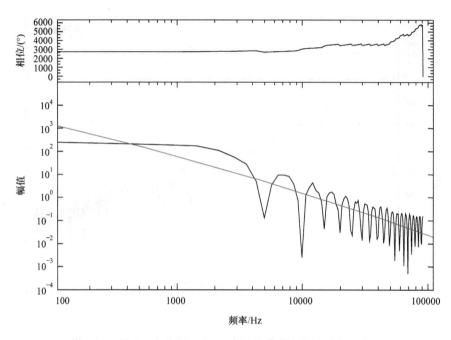

图 4-79　第四组双对数坐标下 FFT 功率谱的分形维数拟合图

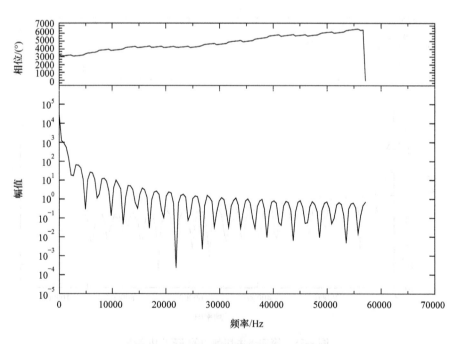

图 4-80　第六组主切削力的 FFT 功率谱

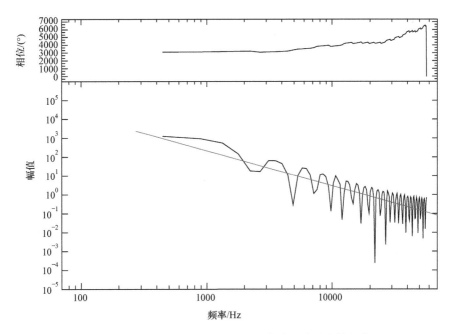

图 4-81　第六组双对数坐标下 FFT 功率谱的分形维数拟合图

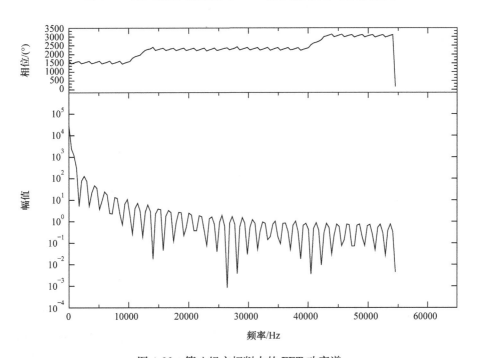

图 4-82　第八组主切削力的 FFT 功率谱

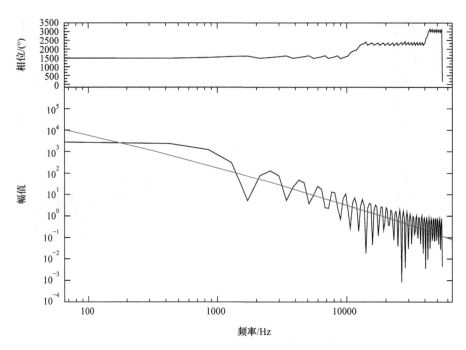

图 4-83　第八组双对数坐标下 FFT 功率谱的分形维数拟合图

对上述各组数据进行整理后,分别求得其分形维数,可以得到如表 4-19 所示的数据。

表 4-19　各组实验的分形维数

实验编号	分形维数
1	1.67
2	1.6
3	1.7
4	1.61
5	1.67
6	1.85
7	1.74
8	1.83
9	1.68

为研究各切削参数与分形维数的关系,用数据分析软件 SPSS 对表格中的数据进行正交实验平均极差分析,通过均值计算及极差计算可以得到如表 4-20 所示的数据。

表 4-20　各切削参数的均值与极差

实验编码	均值		
	进给量 f	背吃刀量 a_p	切削速度 v_c
K1	1.66	1.67	1.78
K2	1.71	1.7	1.63
K3	1.75	1.74	1.70
R	0.09	0.07	0.15

　　从表 4-20 中的平均极差可以看出,三因素对分形维数都有不同程度的影响,其中切削速度对分形维数的影响最大,而背吃刀量和进给量对分形维数的影响最小,这说明在选择合理的切削参数时,应该优先考虑合理的切削速度,其次考虑背吃刀量和进给量,这与实际情况也是相符合的。对实验中所用刀具进行观测,可以对这一结论进行说明。

　　由于灰铸铁的强度较低,在切削时,切屑呈碎断状且变形较小,所以在切削过程中由切屑变形导致的发热量较小。同时,由于铸铁中含有较多游离态的石墨,石墨在切削过程中起自润滑作用,刀具表面与切屑之间的摩擦力相对较小。图 4-84 为不同切削速度下车削灰铸铁时刀具的磨损形貌。

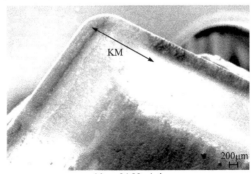

(a) v_c=34.29m/min

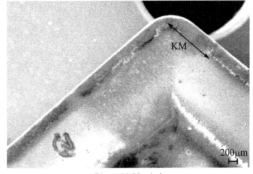

(b) v_c=44.09m/min

图 4-84　不同切削速度下车削灰铸铁时刀具的磨损形貌

　　从图 4-84 中可以看出,在刀具前刀面上因工件材料与刀具后刀面摩擦产生了表面划伤与磨损现象,图 4-84(b)的磨损比图 4-84(a)稍小,前刀面磨损宽度 KM 较小,由已知的相关公式可知,切削速度对刀具切削力的影响非常显著。当切削速度 v_c 增大时,切削力 F_c 会减小,切削温度升高,会导致灰铸铁的硬度和强度降低,其剪切屈服强度随之降低,这样使刀具磨损变小,加工工件的精度也会提高。

　　根据表 4-16 和表 4-19,从各切削参数与分形维数的关系图可以看出,分形维数随着进给量和背吃刀量的增大几乎线性增加,因此在选择切削参数时,应该选用适当的进给量和背吃刀量;在切削速度较小时,分形维数较大,适当增大切削速度可以减小分形维数,切削效果较好,在实验所用切削速度范围内,$v_c=45\mathrm{m/min}$ 左右的切削速度较合适。

第 5 章　钻削加工分形研究

5.1　对 45 号钢的钻削过程有限元仿真

对于材料去除金属塑性成形(如切削、钻削等)有限元模拟仿真加工,国内外诸多学者已经做了大量的实验分析研究,取得了丰硕的科研成果。高速干式钻削作为一种先进的技术和手段,关于其加工仿真的实验研究极少见报道,本章借助有限元软件 DEFORM-3D 对高速干式钻削过程进行动态仿真,旨在观察高速钻削过程中钻屑的形成过程,以及记录和分析加工过程中各种参数的变化曲线。

5.1.1　有限元模型的建立

1. 麻花钻钻削三维模型

麻花钻主要由柄部和工作部组成。工作部的切削部有两个主切削刃、两个前刀面和后刀面、两个刃带和一个横刃,担负全部切削工作。由于麻花钻的特殊结构,其 CAD 模型建立后经过转化并导入 CAE 软件后,会出现特征变异的情况,并影响最后有限元模型的精确性以及随后的模拟分析。所以,本书采用 DEFORM-3D 自带的麻花钻菜单来建立麻花钻的几何模型以及随后的工件几何模型。具体步骤如下:

单击软件 File 菜单,选择 New Problem,进入建模模块。在 Simulation Control 窗口中将英制单位换为国际单位制。单击 Insert Object 选项,并选中 Top Die 复选框,随后单击 Geometry 中的 Geometry Primitive 按钮,并在弹出的菜单中选中 Drilling 选项卡,随即出现关于麻花钻的参数图框,如图 5-1 所示。

由于本章用到的麻花钻半径为 3mm,修改图框中的半径等其他参数,修改完成后,点击 Create 按钮生成麻花钻几何模型,并选择圆柱毛坯为加工工件,最后麻花钻及被加工工件几何模型如图 5-2 所示。

2. 45 号钢材料的有限元模型

由于在实际的金属塑性成形过程中,弹性变形部分远小于塑性变形部分(两者之比通常为 1/1000~1/100),所以弹性变形的影响基本可以忽略不计,可将待加

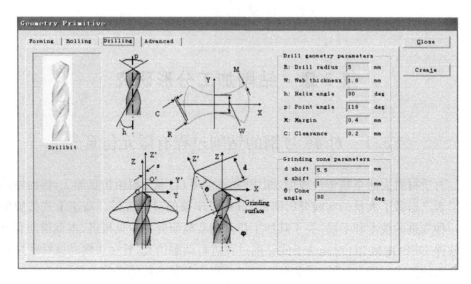

图 5-1　DEFORM-3D 自带的麻花钻参数建立图框

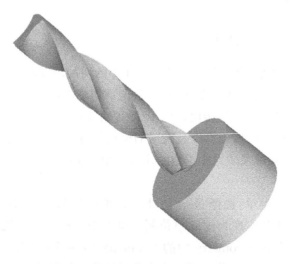

图 5-2　麻花钻及被加工工件几何模型

工毛坯定义为 Plastic,即塑性体。由于本章旨在研究钻削的刀具磨损过程以及观察其他参数的变化,所以在此将刀具定义为 Elastic,即弹性体。

定义待加工工件材料为 AISI-1045 钢,即国标中的 45 号钢(碳(C)含量为 0.43%~0.50%,Mn 含量为 0.60%~0.90%,P 含量最大为 0.04%,S 含量最大为 0.05%,均为质量分数)。材料的本构关系对模拟结果的影响最为重要,因为它反映了材料成形过程的基本信息,以及加工过程中形变应力参数之间的依赖关系,即流动应力与应变、应变率、温度等之间的关系。

在选定加工材料为 45 号钢后,点击 Material 选项卡,在 Plastic 菜单中,选择 Flow stress 项,即 Flow stress＝f(Strain,Strain rate,Temperature)。图 5-3 是 45 号钢应变与流动应力之间的对应关系。

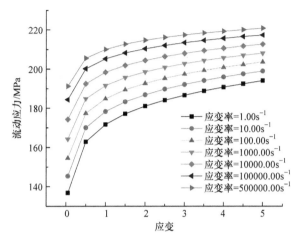

图 5-3　45 号钢的本构关系

杨氏模量与温度的关系如图 5-4 所示。选择 von Mises 屈服准则,Isotropic 随动强化,泊松比(Poisson's ratio)选定为 0.3,热膨胀系数(thermal expansion)、热导率(thermal conductivity)与温度的关系分别如图 5-5 和图 5-6 所示。

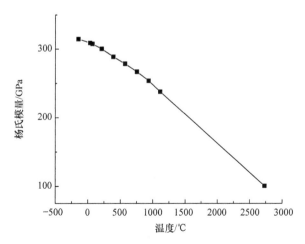

图 5-4　杨氏模量与温度的关系

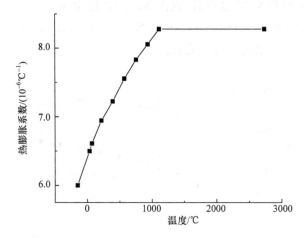

图 5-5　热膨胀系数与温度的关系

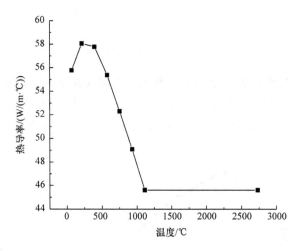

图 5-6　热导率与温度的关系

以上参数曲线均取自 DEFORM-3D 材料库中自带的关于各种材料的实验数据,杨氏模量、热膨胀系数、热导率等参数的值并不是固定不变的,而是随着温度的变化而变化。从图中可以看到,杨氏模量随着温度升高而急剧下降;热膨胀系数随着温度的升高而增加,在 1100℃附近达到最大值,并维持该值不变,不再随温度的变化而变化;热导率刚开始随着温度的升高而增加,并在 210℃附近达到最大值,随后在 210~400℃区间随温度的上升缓慢下降,400℃之后热导率下降剧烈,同样在 1100℃附近达到最小值,并维持该值不变,不再随温度的变化而变化。

3. Usui 磨损模型

刀具磨损模型选择适合金属切削的 Usui 模型。在 DEFORM-3D 中,采用修正拉格朗日列式法建立有限元方程,则刀具磨损量的计算公式为

$$\sigma = \int apve^{-b/T} \mathrm{d}t \tag{5-1}$$

式中,σ 为磨损深度;p 为正压力;v 为工件相对于刀具的滑动速度;$\mathrm{d}t$ 为时间增量;T 为接触面温度;a、b 为实验系数。

4. 材料失效标准的选用

有限元仿真钻削加工的关键问题之一就是确定一个合适的网格分离标准,这与选用一个适合的材料失效模型直接相关。钻削仿真时,一般采用剪切失效模型和拉力失效模型,它们分别以等效塑性应变、净水压力(由均质流体作用于一个物体上的压力)作为失效标准。剪切模型基于在单元节点上的平均塑性应变值,假定当破坏参数 $\omega \geqslant 1$ 时,失效发生。破坏参数 ω 定义为

$$\omega = \sum \left(\frac{\Delta\varepsilon^{\mathrm{pl}}}{\varepsilon^{-\mathrm{pl}}} \right) \tag{5-2}$$

式中,$\Delta\varepsilon^{\mathrm{pl}}$ 为平均塑性应变的增量;$\varepsilon^{-\mathrm{pl}}$ 失效应变。

5.1.2　仿真模拟过程

1. 求解器的设置

DEFORM-3D 中的求解器有 Conjugate-Gradient、Sparse 和 GMRES,迭代方法有 Directiteration 和 Newton-Raphson。选择合适的求解器与迭代方法可节省大量的计算时间。Conjugate-Gradient 求解器(共轭梯度求解器)采用的迭代方法可以实现逐步逼近最佳值,而且对计算机性能要求较低,因此可解决多数的有限元问题。Sparse 求解器是利用有限元公式直接求解,这种方法易收敛,且收敛速度快,但对计算机的内存要求高。GMRES 求解器是 DEFORM-3D 新增加的一个求解器,只适用于多个 CPU 模式。

在非线性有限元分析中,通过迭代法求解非线性方程组以获得数值解。Newton-Raphson 法收敛速度快,但有时可能不收敛。当 Newton-Raphson 法失败时,系统会自动调用 Sparse 法求解。Directiteration 法计算量大,但通常迭代收敛,因此这里选用 Directiteration 法进行求解。

2. 钻削参数与材料属性的设定

切削用量三要素对切削力、切削温度和刀具磨损均有影响,其中切削速度的影响程度最大。为与钻削实验作对比,仿真中选择与实验相同的钻削参数,如表 5-1 所示。

表 5-1　钻削参数

钻头直径/mm	切削速度/(mm/min)	进给量/(mm/r)	钻削深度/mm
8	3000	0.127	8

用于钻削仿真的两个刀具材料均为 WC 硬质合金,刀具材料的基本物理属性如表 5-2 所示。工件材料选用 45 号钢,其基本物理属性如表 5-3 所示。

表 5-2　WC 硬质合金刀具的基本物理属性

刀具类型	杨氏模量/GPa	泊松比	热膨胀系数/(10^{-6}℃$^{-1}$)	热导率/(W/(m · ℃))	热容/(N/(mm^2 · ℃))
WC 硬质合金刀具	650	0.25	5	59	15

表 5-3　45 号钢的基本物理属性

屈服强度/MPa	极限强度/MPa	杨氏模量/GPa	泊松比
400	650	215	0.3
密度/(kg/m^3)	热膨胀系数/(10^{-6}℃$^{-1}$)	热导率/(W/(m · ℃))	热容/(N/(mm^2 · ℃))
7930	10.1	41.7	3.61

表 5-4 列出了工件和刀具的主要参数,从表中可以看出,涂层和非涂层刀具的特性参数基本相同。

表 5-4　工件和刀具的主要参数

参数	工件	麻花钻(涂层)	麻花钻(非涂层)
几何参数	15mm×20^{2}πmm^2	直径＝4mm 刃带宽度＝0.3mm	直径＝4mm 刃带宽度＝0.3mm
材料	45 号钢	WC(TiN)	WC
初始温度	20℃	20℃	20℃
模型特性	塑性	塑性	塑性
摩擦系数	0.5	0.5	0.5
摩擦类型	剪切摩擦	剪切摩擦	剪切摩擦

3. 钻削仿真的前处理

1）设置仿真环境

在 DEFORM-3D 主界面的前处理器中选择 DEFORM-3D Pre，单击工具栏中的图标 Simulation Controls。在 Simulation Title 文本框中输入钻削仿真的题目 Drilling，在 Units 选项中选择国际单位制 SI，并在 Mode 选项中选择 Deformation 和 Heat Transfer，如图 5-7 所示。

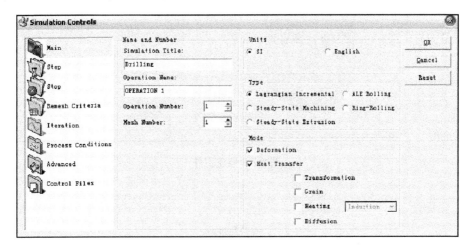

图 5-7　仿真环境设置

2）定义工件

几何形状简单的模型可以在 DEFORM-3D 中直接创建，操作过程如下：单击 Geometry/Geometry Primitive，选择 Cylinder 选项，分别设置工件的半径为 20mm、高度 15mm，单击 Create 按钮完成对工件模型的创建，如图 5-8 所示。

3）定义刀具

参见图 5-2 麻花钻及被加工工件几何模型。

4）划分网格

如图 5-9 所示，工件的网格划分：选择对象树中的工件 Workpiece，单击网格 Mesh 按钮，进入网格划分界面，选择详细设置 Detailed Setting。单击 General，在网格类型选项中选择 Absolute。尺寸比率 Size Ratio 设为 7，在 Element Size 文本框中输入最小网格尺寸 0.4mm，分别单击 Surface Mesh 按钮和 Solid Mesh 按钮以生成网格。

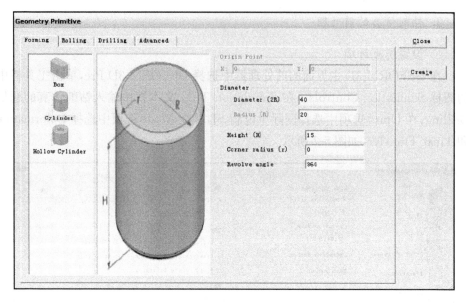

图 5-8　创建工件

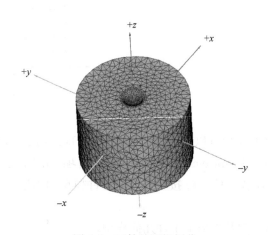

图 5-9　工件的网格划分

　　如图 5-10 所示,麻花钻的网格划分:选择对象树中的 Drill,单击网格 Mesh 按钮,设置网格数量 Number of Elements 为 100000,单击 Generate Mesh 按钮生成网格。

　　5)选定材料

　　在对象树中,分别选择工件和浅孔钻,进入 General 界面。从材料库 Material Library 中分别选择工件和刀具的材料为 AISI-1045 和 WC,然后单击 Load 按钮,材料将显示在对象树中。

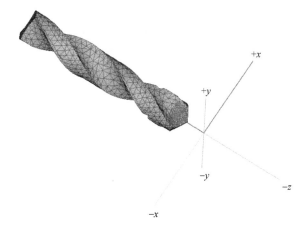

图 5-10　麻花钻的网格划分

6）设置边界条件

选择对象树中的工件，在 Boundary Conditions 界面中选择 Velocity。先对 x 方向进行设置，选中工件的侧面，单击 Add Boundary Conditions，边界条件对象树中显示"x，Fixed"，然后以相同操作分别设置 y、z 方向，如图 5-11 所示。

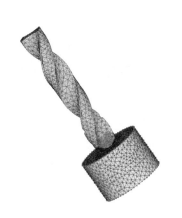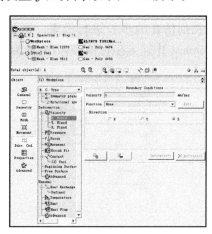

图 5-11　设置工件的边界条件

单击 Boundary Condition 图标，在边界条件分类中选择 Heat Exchange with the Environment，在 Pick Nodes 对话框中，单击 All 按钮，选择工件的所有表面。单击 Temperature，输入初始温度值 20℃。

7）设置麻花钻的运动

麻花钻的运动包括绕 z 轴的转动和沿 z 轴的进给，设置步骤为：从对象树中选择 Drill，在 Movement 界面中，单击 Rotation 选项卡，选择 z 轴，单击 Calculate center and axis from geometry 按钮,软件将自动计算出钻头中心的坐标位置与旋转轴,在 Angular velocity/Constant 中输入切削速度,如图 5-12 所示;单击 Translation,选择 z 轴,并在 Constant value 中设置进给量。

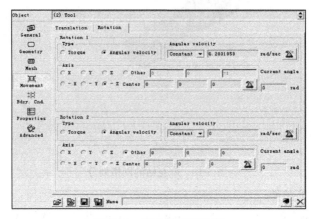

图 5-12　麻花钻速度设定

8) 钻削仿真控制

单击主菜单中的 Simulation Controls 按钮,在弹出的模拟控制对话框中,单击 Step 对钻削仿真的步长进行设置。再从此对话框中选择 Stop,在 Primary Die Displacement 中输入坐标值[0,0,8]作为钻削仿真的停止条件,如图 5-13 所示。

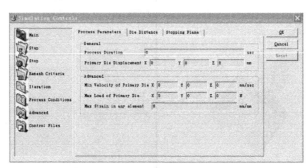

图 5-13　设置钻削仿真的停止条件

9) 设置对象间的关系

通过对对象间关系的设置来定义两对象之间的热传导和摩擦等。单击 Inter-Object 按钮,打开对象关系菜单,如图 5-14 所示。选择 Workpiece 和 Drill 之间的关系,单击 Edit 按钮,弹出 Inter-Object Date Definition 窗口,在 Deformation 选项中分别设置摩擦系数为常量 0.6,系统默认为剪切摩擦。单击 Thermal 选项卡,热导率设定为 45。单击 Tool Wear 选项卡,设置 Parameter 的值分别为 10^{-7} 和 855.0。

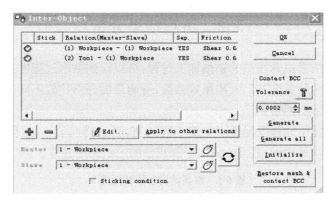

图 5-14　设置对象间的关系

单击 Click to add a new relation 按钮,将 Master 和 Slave 均设定为工件,选中已设定的关系,单击 Apply to other relation 按钮将已设定关系应用到其他关系中。

10) 生成数据库

单击主菜单中 Database Generation,弹出生成数据库的对话框,如图 5-15 所示。单击 Check 按钮,检查数据库是否正确。在 DEFORM 中,"警告"和"错误"用不同的标志显示,可以通过提示语言,返回前处理器修改前期设置。当检查无误时,单击 Generate 按钮,生成数据库文件。

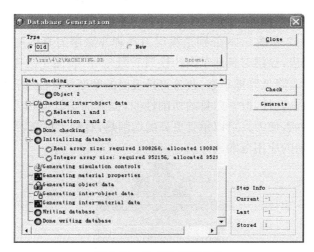

图 5-15　生成数据库文件

5.2　仿真结果分析

　　用有限元法模拟麻花钻的钻削加工过程,可以得到钻削过程的连续切屑成形,获得切削过程中的温度、应力、扭矩等参数,进而帮助分析比较不同刀具、不同工艺的加工结果和影响因素。

　　本书中麻花钻的速度设置了三组不同的值,两组高速值、一组低速值,其中两组高速值的进给量相同,表 5-5 列出了麻花钻的三组钻削速度。

表 5-5　麻花钻的三组钻削速度

钻削速度	60r/min	2000r/min	3000r/min
进给量	0.7mm/r	0.127mm/r	0.127mm/r

5.2.1　不同钻削速度下的切屑成形

　　金属钻削工艺是一个比较复杂的过程,它涉及机床、工件、刀具、夹具、切屑等许多方面的因素,而且这些因素都是相关的,在上述各种影响切削质量的因素中,切屑的形成是很重要的因素,因为在切削过程中,切屑的形成对刀具的寿命、加工表面的质量影响很大。

　　在有限元模型中,连续的切屑成形是通过系统的网格重划分程序来模拟的,软件程序内部设置了断裂准则,切屑断裂是通过删除受到大变形和压力而达到断裂准则的那些单元来模拟的。图 5-16 显示了在三组不同钻削速度下的麻花钻钻削切屑成形。图 5-17 和图 5-18 分别是涂层刀具和非涂层刀具钻削钻屑的 SEM 照片。由图可以看出,涂层刀具加工出的铁屑质量较好,表面光洁度较高,同时证明涂层刀具能够显著降低摩擦系数,改善刀具表面的摩擦学性能和排屑能力;显著提高耐磨性和抗冲击韧性,改善刀具的切削性能,提高加工效率和刀具寿命;提高刀具表面抗氧化性能,使刀具可以承受更高的切削热,有利于提高切削速度及加工效率,并扩大干切削的应用范围。

(a) 钻削速度60r/min, 进给量0.7mm/r

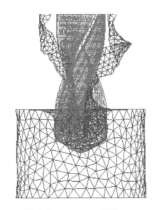
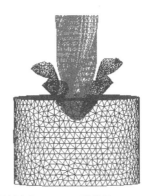

(b) 钻削速度2000r/min, 进给量0.127mm/r　　　　(c) 钻削速度3000r/min, 进给量0.127mm/r

图 5-16　麻花钻钻削切屑成形

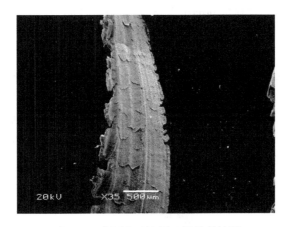

图 5-17　实际高速涂层刀具钻削钻屑

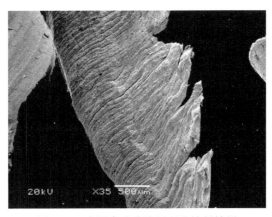

图 5-18　实际高速非涂层刀具钻削钻屑

5.2.2　温度场分析

切削热和由它产生的切削温度是金属切削过程中重要的物理现象之一。切削时消耗能量的 97%～99% 转换为热能。大量的切削热使得切削区温度升高,直接影响刀具的磨损和工件的加工精度及表面质量。塑性加工过程中,在金属内部产生的应力、变形与温度有密切的关系。对于热加工过程,这是无疑的;对于冷加工过程,由于塑性变形时外力做功,这些功一部分转化为热能,引起材料温度的变化,产生热应变和热应力。

在钻削加工过程中,温度起着关键作用,它对工具磨损、钻削扭矩以及切屑成形产生很大的影响,因此研究钻削温度对生产实践有重要意义。切削加工工艺从整个加工过程来看,属于冷加工的范畴,但就切屑形成的局部来看,却具有高温、高速成形的特点。金属在高速切削下,剧烈的摩擦和断裂使得局部区域的温度在几秒甚至零点几秒就上升到很高的温度,材料的各种性能参数必然受到温度的影响。另外,高温状态下引起的热应力也对表面质量和刀具的磨损产生影响。

因为切削加工涉及与高温、高应变率耦合的大变形和断裂问题,有限元分析也应该建立在与温度耦合的塑性变形理论基础上。在金属切削模拟过程中,温度是不可以忽略的,要通过设定摩擦条件、摩擦方式和摩擦系数来计算摩擦生热。

图 5-19～图 5-21 分别为三种钻削速度下某一模拟步的钻削温度云图,从图中可以看到,最高温度集中在钻尖附近的局部变形区域内和钻尖处,因为这里是塑性变形和刀-屑摩擦比较集中的地方。图中所示温度一直处在上下波动中,而不像实

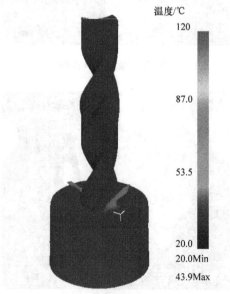

图 5-19　第 560 步的钻削温度云图(60r/min,0.7mm/r)

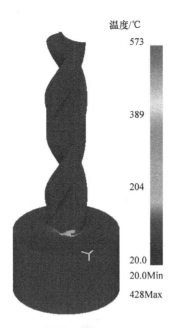

图 5-20　第 560 步的钻削温度云图(2000r/min,0.127mm/r)

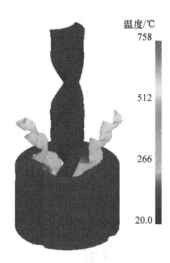

图 5-21　第 500 步的钻削温度云图(3000r/min,0.127mm/r)

际加工那样平缓地变化,这是因为工件的材料去除是通过单元网格删除来模拟的,即模拟中工件是由离散的网格单元组成的,造成模拟中温度比较大的波动。麻花钻的钻削速度为 2000r/min 时温度在 480℃左右,当钻削速度为 60r/min 时温度降到 140℃左右,而当钻削速度为 3000r/min、进给量为 0.127mm/r 时其钻削温度超过 750℃。这说明钻削速度对工件温度有比较大的影响,高钻削速度导致高加工温度。

5.2.3　应力场分析

引入等效应力的概念,可以实现不管单元体受力状态如何复杂,均可想象为承受数值上等效应力作用的简单拉伸。等效应力和等效应变的对应关系反映了工件材料由塑性变形引起的加工硬化。

图 5-22~图 5-24 显示了麻花钻在三种切削速度下最大等效应力随行程的变化情况。当钻削速度为 3000r/min、进给量为 0.127mm/r 和钻削速度为 2000r/min、进给量为 0.127mm/r 时,最大等效应力在 825MPa 上下波动,两种加工情况下的

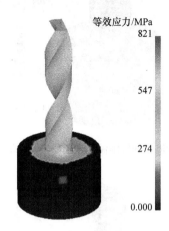

图 5-22　第 40 步工件所受等效应力(60r/min,0.7mm/r)

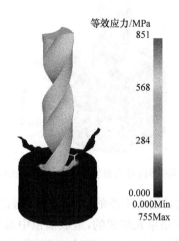

图 5-23　第 550 步工件所受等效应力(2000r/min,0.127mm/r)

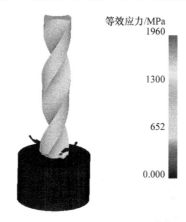

图 5-24 第 550 步工件所受等效应力(3000r/min,0.127mm/r)

最大等效应力变化趋势非常相近;当麻花钻钻削速度为 60r/min、进给量为
0.7mm/r 时,工件所受最大等效应力随着行程的增加在 820MPa 上下波动,和高
速切削时工件所受最大等效应力相差不是很大。这说明麻花钻钻削过程不同的主
轴转速对于工件加工过程中所受等效应力没有太大的影响,三种情况下工件最大
等效应力波动情况基本一致。

图 5-25～图 5-27 显示了麻花钻在三种钻削速度下最大等效应变随行程的变
化情况,从图中可以看出,三种钻削速度下的最大等效应变的数值及变化规律基本
相似。

图 5-28 显示了高速钻削过程中等效应力的变化情况,图 5-29 显示了高速钻
削过程中等效应变的变化情况。从图中可以看出,两个变量的数值及变化规律具
有相似性。

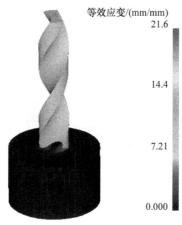

图 5-25 第 40 步工件所受等效应变(60r/min,0.7mm/r)

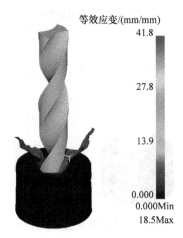

图 5-26   第 550 步工件所受等效应变(2000r/min,0.127mm/r)

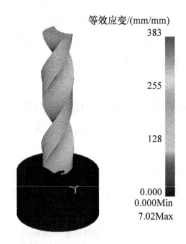

图 5-27   第 550 步工件所受等效应变(3000r/min,0.127mm/r)

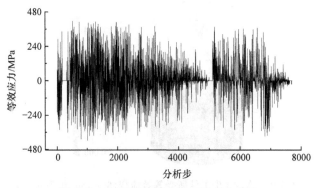

图 5-28   高速钻削过程中等效应力变化

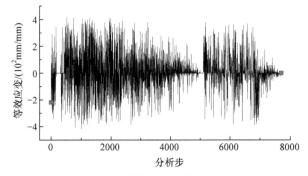

图 5-29　高速钻削过程中等效应变变化

5.3　钻削加工的分形特征研究

钻削加工的分形特征研究方法包括统计法(灰度共生矩阵法、灰度差分法等)、结构法、模型法和基于空间/频率的联合纹理分析方法。

统计法的主要特点是原理简单易懂,容易实现,但难以取得理想的结果。

结构法的重点在于纹理基元之间的相互关系和排列规则,主要适合非常规则的纹理,但实际中很少存在规则的纹理结构,因此此方法很少采用。

模型法(自回归模型、马尔可夫随机场模型、分形模型)是假设纹理按某种模型分布,模型可以表示纹理基元之间的关系,模型参数表示纹理基元的特征,因此通过估计模型的参数可以把握纹理的主要特征,进行纹理分析。

基于空间/频率的联合纹理分析方法是利用在空间域或频率域同时取得较好局部化特征的滤波器对纹理图像进行滤波,从而获得较为理想的纹理特征。

模型法中的分形模型是近年来应用比较广泛的一种纹理分析方法,分形是集合的局部与整体有某种相似性的形体,是对没有特征尺寸在一定意义下的自相似图形和结构的总称。分形的基本特征是自相似性,自相似性包括严格自相似性和统计自相似性。只要存在自相似性集合,都可以用分形模型去研究。

机加工表面形貌在微观下是极其复杂的不规则表面,在显微镜下观察具有统计自相似性,在某种测度下具有分形的特征,可以用分形去研究表面。

5.3.1　45 号钢钻削加工实验

为了验证仿真的结果,本书采用与仿真相同的切削用量,进行 45 号钢钻削实验。在影响切削力的各个因素中,钻削速度和进给量对钻削力的影响较为显著,所以在仿真和实验过程中考虑钻削速度和进给量两个因素的变化,选择了三个水平的实验方案,进行对比分析。

实验设备:立式数控加工中心(型号:HASSVF5)。

测试系统：NI 无线数据采集分析系统、YE5850 电荷放大器、PCI-9118DG/L 数据采集卡和计算机。

工件材料：45 号钢，尺寸 300mm×100mm×20mm。

刀具：YG8 硬质合金麻花钻，直径 6mm；HSS-CO TiN 涂层麻花钻，直径 4.2mm。

钻削过程中工件承受垂直方向的钻削力 F 和扭矩 M。实验系统和刀具实物图如图 5-30 和图 5-31 所示。整个钻削过程不加冷却液，为干切削。

图 5-30　钻削实验系统

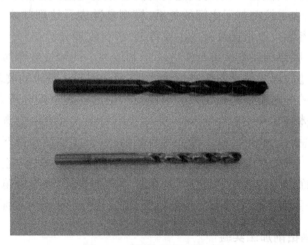

图 5-31　钻削实验所用刀具

5.3.2　实验结果分析

1. 切削参数及实验结果

基本加工参数如表 5-6 所示。

表 5-6　基本加工参数

钻头半径 r/mm	工件半径 R/mm	钻头转速 n_F/(r/min)	轴向进给量 f_a/(mm/r)	背吃刀量 a_p/mm
3	10	800	0.4	12

　　在钻削加工过程中输入上述参数,通过改变钻头转速(500r/min 和 1000r/min),得到两组摩擦振动信号的时域波形,如图 5-32 所示。从这些信号图可以看出,无论是不同采样频率下还是不同时域长度下的摩擦与振动信号,在时域波形上都存在显著的自仿射相似性,即它们具有分形特性。

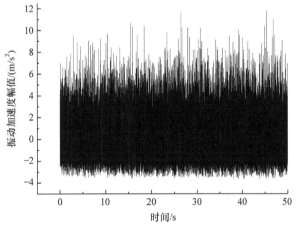

(a) 采样频率4kHz,时间50s,钻头转速500r/min

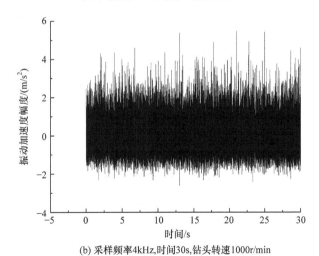

(b) 采样频率4kHz,时间30s,钻头转速1000r/min

图 5-32　摩擦振动信号的时域波形

采用 TR200 粗糙度测试仪,配合相关分析软件,直接读取表面粗糙度参数。轴向进给量 f_a 为 0.4mm/r 时工件表面主要特征参数如表 5-7 所示。

表 5-7 工件表面主要特征参数

进给量 /(mm/r)	$R_a/\mu m$	$R_q/\mu m$	$R_z/\mu m$	$R_t/\mu m$	$R_p/\mu m$	R_{Sm}/mm	R_S/mm
0.4	0.545	0.630	2.197	2.519	1.274	0.144	0.085

钻头转速变化实验中工件表面主要特征参数如表 5-8 所示。

表 5-8 钻头转速变化实验中工件表面主要特征参数

钻头转速/(r/min)	$R_a/\mu m$	$R_q/\mu m$	$R_z/\mu m$	$R_t/\mu m$	$R_p/\mu m$	R_{Sm}/mm	R_S/mm
500	1.809	2.036	6.293	7.820	3.486	0.600	0.218
800	1.132	1.506	5.524	6.199	2.859	0.308	0.200
1000	0.679	0.819	3.742	4.809	2.046	0.182	0.111

表中表面特征参数为:R_a 轮廓算术平均偏差;R_q 轮廓均方根偏差;R_z 微观不平度十点高度;R_t 轮廓总高度;R_p 最大轮廓波峰高度;R_{Sm} 轮廓微观不平度的平均间距;R_S 轮廓单峰平均间距。

加工表面纹理的主要参数是表面纹理高度和表面纹理间距,综合考虑两者可以代表已加工工件表面纹理信息。表面纹理高度可用最大轮廓波峰高度 R_p 表示,表面纹理间距可用轮廓微观不平度的平均间距 R_{Sm} 表示。

2. 加工表面分形维数的提取

1) 盒维数法

在 TimeSurf for TR200 v1.4 中读取每条轮廓曲线上 400 个点,用 MATLAB 对这些数据进行处理,得到不同尺码下不同的测量长度,再用 MATLAB 对尺码 r 和测量长度 L 进行双对数最小二乘法直线回归,得到直线斜率,进而求出分形维数 D。下面以轴向进给量 f_a 为 0.4mm/r 为例求分形维数,尺码选择与测量长度数据如表 5-9 所示。

表 5-9 盒维数法尺码选择与测量长度数据

尺码 r	0.2	0.4	0.6	0.8	1.0	1.2	1.4	1.6	1.8	2.0
测量长度 L/mm	16.4	16	16.2	16	14	14.4	15.4	12.8	5.4	8

对上述数据用 MATLAB 对尺码 r 和测量长度 L 进行双对数最小二乘法直线

回归,MATLAB 程序如下：

```
r=[0.2 0.4 0.6 0.8 1.0 1.2 1.4 1.6 1.8 2.0];
y=[16.4 16 16.2 16 14 14.4 15.4 12.8 5.4 8];
p=polyfit(log(r),log(y),1);
xx=0.2:0.01:2.0;
yy=exp(polyval(p,log(xx)));
plot(r,y,'0',xx,yy)
```

可以得到直线回归曲线如图 5-33 所示,得直线斜率 k 为 -0.35,则由公式 $D=1-k$ 可得分形维数 D 为 1.35。

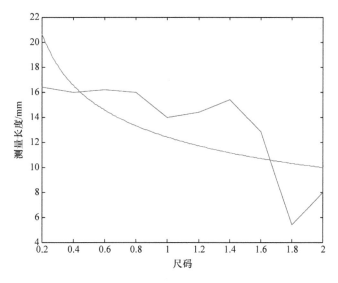

图 5-33 最小二乘法直线回归曲线

对钻头转速变化数据进行处理得到表 5-10。

表 5-10 盒维数法分形维数与钻头转速的关系

钻头转速/(r/min)	500	800	1000
分形维数 D	1.113	1.269	1.35

2）均方根法

与盒维数法一样,选择不同的尺码,只是测度变为轮廓高度的均方根值,再用 MATLAB 对尺码 r 和测度 $z(r)$ 进行双对数最小二乘法直线回归,得到直线斜率, 进而求出分形维数 D。下面以轴向进给量 f_a 为 0.4mm/r 为例求分形维数,尺码 选择与测度数据如表 5-11 所示。

表 5-11　均方根法尺码选择与测度数据

尺码 r	0.4	0.6	0.8	1.0	1.2	1.4	1.6	1.8	2.0	2.2
测度 $z(r)/mm$	1.616	1.932	1.859	1.843	1.838	2.029	2.275	2.61	2.31	2.244

对上述数据用 MATLAB 对尺码 r 和测度 $z(r)$ 进行双对数最小二乘法直线回归,结果如图 5-34 所示,得直线斜率 k 为 0.175,则分形维数 $D=2-k=1.825$。

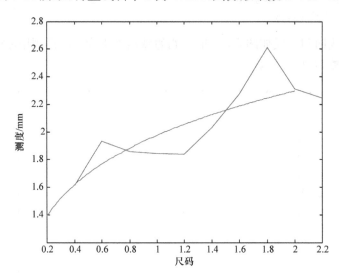

图 5-34　均方根法最小二乘法直线回归曲线

对钻头转速变化数据进行处理得到表 5-12。

表 5-12　均方根法分形维数与钻头转速的关系

钻头转速/(r/min)	500	800	1000
分形维数 D	1.628	1.75	1.825

以钻头转速为横坐标,以分形维数为纵坐标建立关系如图 5-35 所示。由图可以得出:

(1) 随着钻头转速的增加,已加工工件表面分形维数增加,两者呈正比关系。

(2) 对于不同钻头转速下的加工工件表面,用分形维数法中的盒维数法、均方根法求得的分形维数不同,但总体趋势是一致的。

(3) 分形维数可以表达钻削加工工件表面信息,分形维数越大,工件表面纹理越密集,表面纹理高度越低,纹理间距也越小。

通过上面两种分形维数方法计算已加工工件表面分形维数,可以看出加工工件表面分形维数 D 都满足 $1<D<2$,所以加工工件表面具有分形的特征;得到分

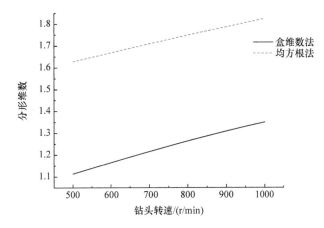

图 5-35 不同钻头转速下的分形维数

形维数与表面粗糙度呈反比关系,分形维数越大,表明工件表面纹理微细、结构越密集,表面纹理高度越低,纹理间距也越小。

第 6 章　铣削加工分形研究

6.1　二维铣削有限元仿真及结果分析

6.1.1　二维铣削过程有限元仿真计算

1. 几何建模和约束

铣削加工过程本身相当复杂,使用有限元模拟时,可以对其进行必要的简化,因为很多加工因素目前在有限元仿真模拟过程中实现起来非常困难,最简单的简化就是将铣削过程简单地处理成二维正交模型。本书采用的二维几何模型如图 6-1 所示。

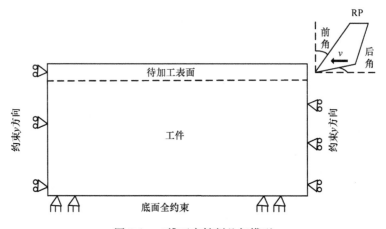

图 6-1　二维正交铣削几何模型

仿真过程中,假设刀具是刚体,不考虑其应力应变,只考虑其温度变化;定义一个参考点 RP,这样刀具的切削速度就可以加载到参考点 RP 上,刀具以速度 v 沿工件的待加工表面从右向左切入工件,约束其 y 方向的自由度;同时假设工件材料为各向同性,给工件底面施加一个全约束,工件的左边和右边同时施加一个 y 方向的约束;工件底端以及刀具上端的温度边界条件设为 20℃。

2. 材料定义

实际切削过程中,工件材料常常在高温、高应变和高应变率的情况下发生弹塑性应变,因此综合考虑各因素对工件材料流动应力的影响,建立合理的材料流动应力模型是模拟分析的关键。因此,本书运用 DEFORM 对铣削过程进行二维分析,工件材料参数如表 6-1 所示。

表 6-1　工件材料参数

密度 $\rho/(\mathrm{kg/m^3})$	弹性模量 E/GPa	泊松比 μ	比热容 $C_\mathrm{p}/(\mathrm{J/(kg \cdot ℃)})$	A/MPa	B/MPa
7800	200	0.3	469	410	320
n	C	m	$T_\mathrm{r}/℃$	$T_\mathrm{m}/℃$	$\dot{\varepsilon}_0/\mathrm{s^{-1}}$
0.28	0.064	1.06	27	1522	1
d_1	d_2	d_3	d_4	d_5	—
0.1	0.76	1.57	0.005	-0.84	—

注:表中各物理量含义与式(4-8)相同,$d_1 \sim d_5$ 为低于转变温度条件下的实效常数。

因为模拟采用的刀具材料是高速钢,假设刀具是刚体,只考虑其温度变化,所以仿真过程中刀具材料参数定义如表 6-2 所示。

表 6-2　刀具材料参数

屈服强度 /MPa	极限强度 /MPa	杨氏模量 /GPa	泊松比	密度 /(kg/m³)	热膨胀系数 /(10⁻⁶℃⁻¹)	热导率 /(W/(m・℃))	热容 /(N/(mm²・℃))
400	650	215	0.3	7930	10.1	41.7	3.61

3. 网格划分

切屑成形过程是一个典型的高梯度问题,在局部区域内材料产生高温、大变形。随着刀具移动,单元节点的坐标开始逐次修正,单元开始变形,一些单元被压扁或由于不均匀变形而扭曲,从而严重影响解的精度,甚至发生网格的畸变、退化,使计算结果严重失真或计算不收敛。为了保证计算精度,提高计算效率,防止出现不合格的单元形状,在有限元网格的具体划分时,采用如下策略:

(1) 对于工件,沿切削加工方向进行均匀的网格划分,单元长度为 $30 \mu \mathrm{m}$,在垂直的加工表面方向进行非均匀的等比例网格划分,该种单元的划分方法已经被学术界所采用。

（2）使用网格自适用技术。自适应有限元法是一种能通过自适应分析自动调整算法以改进求解过程的数值方法，以误差估计和自适应网格改进技术为核心，是一种效率高、可靠性高的计算方法。

（3）使用网格重划分。在仿真过程中，材料的过度变形会产生网格的畸变，导致计算过程发散，甚至使分析计算无法继续进行。网格重划分技术的提出解决了此类问题，为保证网格在大变形情况下分析过程能顺利进行提供了技术保障。

4. 切削参数的选取

在本章所进行的二维铣削仿真过程中，工件材料为 45 号钢，刀具材料为高速钢。用高速钢切削 45 号钢时，刀具与工件材料的摩擦系数取 0.3，初始取背吃刀量 $a_p = 0.5 \text{mm}$，切削速度 200mm/s，刀具前角 $\gamma_0 = 10°$，刀具后角 $\alpha_0 = 5°$，铣削宽度 $a_e = 5 \text{mm}$。其中，在分析刀具前角、切削速度及背吃刀量大小变化对切削过程的影响时需要变动，后面会提及。

6.1.2　二维铣削仿真结果分析

1. 应力与应变分析

由图 6-2(a)可知，刀具最大变形量出现在切削刃处，这是由于切削刃切入工件切削层中承担了大部分切割作用而发生压缩变形。由图 6-2(b)可知，刀具前、后面靠近切削刃的区域等效应力均较大，这是由于这些区域承担了部分切割作用和大部分挤压作用，同时还受到来自切屑和已加工表面强烈的摩擦作用。

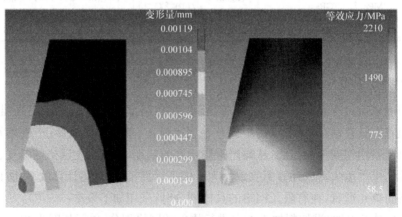

(a) 刀具变形分布　　　　　　　　　(b) 刀具等效应力分布

图 6-2　刀具变形与等效应力分布

2. 刀具磨损分析

切削过程中,在前刀面、后刀面与切屑、工件的高温、高压接触区内发生着强烈的摩擦。随着切削的进行,刀具将逐渐出现前刀面磨损(月牙洼磨损)和后刀面磨损。刀具磨损是机械、热、化学综合作用的结果,可以产生磨料磨损、黏结磨损、扩散磨损和氧化磨损。在不同的工件材料、刀具材料和切削条件下,磨损原因和磨损强度是不同的。由于上述原因,实现对刀具磨损的准确预测和模拟是相当困难的。

DEFORM 中提供的 Usui 磨损模型更适合金属切削等扩散磨损起主要作用的连续工艺过程,其具体的数学表达式为

$$w = \int apve^{-b/T}dt \tag{6-1}$$

式中,a、b 为实验标定的系数;v 为滑动速度;T 为界面温度。

同时刀具设置时需在 Property→Advanced→Element Data 中设定刀具材料 WC 的硬度值为洛氏硬度 80HRC。

由图 6-3 可知,切削过程中刀具在切削刃附近的前、后刀面发生了较为强烈的磨损。当然,对刀具磨损的仿真只是定性揭示刀具在相应区域发生磨损及磨损程度的概率,在标定系数准确的前提下,可提供具有相当价值的参考。

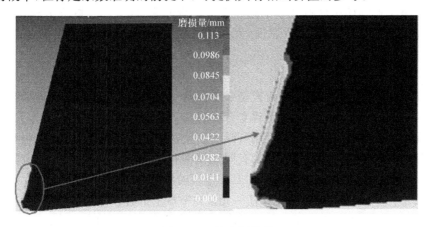

图 6-3　刀具磨损仿真

观察可知,图 6-3 中刀具发生磨损的区域与图 6-2(b)中刀具较高应力的区域存在着深度的重叠现象。这进一步证实了对于一定的刀具和工件材料,切削应力对刀具磨损具有决定性的影响。切削应力越高的区域,刀具磨损越快;反之,切削应力越低的区域,刀具磨损越慢。因此,可以在一定条件下通过研究切削应力来进行刀具磨损的研究。

6.2　三维铣削有限元仿真及结果分析

6.2.1　三维铣削过程有限元仿真计算

1. 铣削力模型

1）铣削力模型的有限元近似

从真实结构到力学模型已使工程问题在力学上理想化,但对于复杂的切削过程,这些建立的力学模型并不意味着就能直接应用于复杂的切削模型的分析、设计,还必须在求解中引入某些近似以便作进一步的简化。

传统的做法是直接对解析法建立的微分方程,利用有限差分法求其数值解。这种方法承认所引入的力学模型是严格的,但在数学处理上是近似的。这种方法的一大缺点是很难吻合不规则的边界条件。对力学模型的有限元近似则与此不同,它是将要求解的连续体离散为有限个元素,并用有限个性态参数表示的系统来代替无限个性态自由度的连续体。因此,从力学意义上看,它是近似的。求解时首先找出用节点值表示的元素的解,并使它满足假设的或给定的全部边界条件;然后将整个连续体中所有元素的这些关系集合起来,建立一组联立方程,求解这组联立方程即可确定这些节点值,元素内的变量则通过节点值用插值方法来表示。

2）铣削力模型的建模准则

建立铣削加工的有限元分析模型必须遵循一定的准则。铣削加工建模遵循的原则是根据工程分析的精度要求建立合适的、能模拟实际加工过程的有限元模型。有限元模型在将连续体离散化及用有限个参数表征无限个性态自由度的过程中不可避免地引入了近似。为使铣削的有限元模型有足够的精度,所建立的有限元模型必须在能量上与原连续系统等价,具体建模时应满足下述条件。

(1) 平衡条件:零件的整体和任一元素在节点上都必须保持静力平衡。

(2) 变形协调条件:交汇于一个节点上的各元素在外力的作用下,引起元素变形后必须保持静力平衡。

(3) 满足整个结构边界条件及元素间的边界条件以及材料本构关系。

(4) 刚度等价原则:有限元模型的抗弯、抗扭、抗拉及抗剪刚度应尽可能等价。

(5) 根据铣削加工特点仔细划分网格,认真选取单元类型,使之较好地反映铣削时的传力特点。

(6) 在几何结构上应尽可能地逼近真实的结构体。

(7) 仔细处理载荷模型,正确生成节点力。

3) 铣削过程力学模型分析

铣削加工过程中,铣削力不仅对刀具使用寿命有着重要的影响,而且是影响零件残余应力分布形态的重要因素之一。由于不同的材料、不同的加工条件,其物理模型是不同的,本章主要针对平面铣削加工过程的铣削力进行研究,因而其铣削力模型对于平面铣削加工具有一般的通用性。

根据铣床、夹具和铣刀设计的要求,铣削力可按铣刀切向、径向和轴向三个方向或者按铣床垂直、纵向和横向三个方向分解。

铣刀所承受的铣削抗力 F_r 沿切向、径向和轴向分解为三个铣削分力。切向分力 F_y 作用在铣刀圆周切向方向,是消耗功率的主要铣削力,也称为主铣削力;径向分力 F_x 作用在铣刀径向,与 F_y 的合力使铣刀心轴弯曲和扭转;轴向分力 F_z 作用在铣刀轴线方向。

工件(铣床工作台)所承受的力 F'_r 与铣削抗力 F_r 大小相等、方向相反,它可沿铣床工作台纵向、横向和垂直方向分解成三个铣削分力。水平分力 F_h 与纵向进给方向平行,作用在铣床纵向进给机构上,又称进给抗力;垂直分力 F_v 作用在铣刀端截面上,垂直于进给方向。在铣削加工过程中,径向力和轴向力不但大小随时间呈周期性变化,而且力的方向也随时间呈现周期性变化。考虑到实际应用中铣削力实验、测量的方便性,通常将径向与轴向的铣削力在直角坐标系中分解成为 x、y、z 三个方向的切削分力。一般把刀具与工件的相对进给方向定义为 x 方向,刀具的轴向方向定义为 z 方向。分解后 F_x、F_y、F_z 的特点是力的方向始终不变,而大小时刻变化。

2. 三维铣削模型的建立

铣削模型的建立,不仅要反映实际中的铣削过程,而且要结合现有的计算机水平、有限元仿真技术,最大限度地模拟出铣削过程,使模拟结果能够为实际铣削加工提供指导。

1) 铣削过程建模的假设

对铣削加工过程进行模拟分析,对模型的主要要求包含以下三个方面。

(1) 模型的合理性。由于铣削加工过程涉及的因素较多,模型在结构与变量的选择上较为复杂。一方面要求铣削加工模型能最大限度地反映实际系统的真实情况,另一方面要求从实际工程应用的需要出发,基于合理的假设条件,对模型进行必要的简化处理。由于铣削加工的一个独特特点是断续切削,所以模拟铣削加工时可以模拟单齿加工的状况。正如前面所述,任何切削刀具的切削部分均可视为外圆车刀切削部分的演变,因此单齿铣削加工从局部又可以模拟成车削的过程。本章正是由以上假设对铣削加工过程进行了相关的简化。

(2) 模型的通用性。由于模型的建立通常是针对某一特定的加工过程而言的,它对于刀具种类和工件材料的依赖性很强,针对所有加工情况进行建模将造成模型的冗余和资源浪费。

(3) 模型的开放性。铣削加工过程模型的建立不是孤立的,加工仿真的设计必须考虑到与几何仿真和优化计算相互结合的问题。同时,不同仿真模型之间相互调用也是铣削仿真过程中一个不可忽视的问题。

2) 有限元模型的前处理及其简化模型的建立

本章进行的三维铣削加工过程仿真,铣刀采用端面铣刀,且材质为刚体,由于DEFORM-3D具有自划分网格功能,所以刀具采用四面体单元。利用 DEFORM-3D进行有限元分析模拟时,其有限元切削加工前处理主要由以下过程组成:①进入切削前处理界面;②切削模型的建立,模型的建立主要由设定工作条件,即刀具设定、工件设定、模拟条件设定以及检查设定结果组成。其中,切削模型的建立是关键的一步,分析结果精确与否与其有着直接的关系。工件设定包括选定工件形状、工件材料和网格组成。主要流程具体如下。

(1) 进入 DEFORM-3D 界面。进入运行 DEFORM-3D v6.1 程序,软件打开时会自动选择安装时的默认目录。为了防止运算结果混乱不便管理,可单击工具栏中的打开按钮选择新的文件存放路径,如图 6-4 所示。

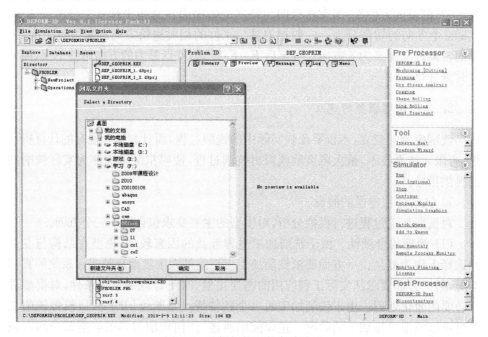

图 6-4　选择新的文件存放路径

(2) 进入前处理操作。单击主窗口右侧界面 Pre-Professor 中的 Maching [Cutting]选项,弹出如图 6-5 所示对话框,输入问题名称,单击 Next 按钮,进入前处理界面。

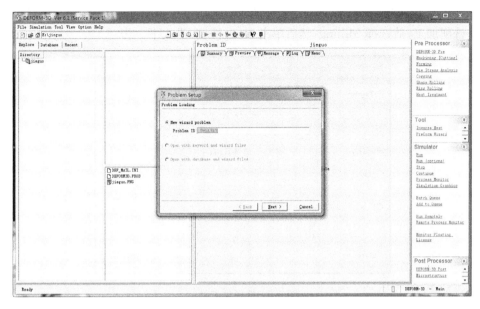

图 6-5　进入前处理操作

（3）选择系统单位。进入前处理界面会自动弹出如图 6-6 所示的对话框，要求选择单位制（英制或国际单位制），按需求选择国际单位制（System International），然后单击 Next 按钮，进入下一步。

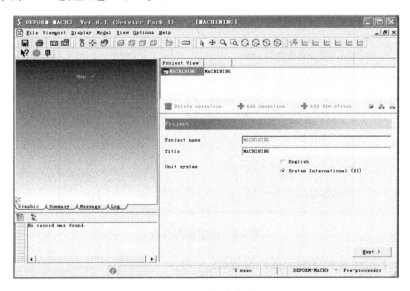

图 6-6　选择单位制

（4）选择加工类型。DEFORM 提供的加工方式有车削加工（Turing）、铣削加工（Milling）、钻削加工（Boring）、钻孔加工（Drilling），如图 6-7 所示。本章模拟的是铣削加工，故选择 Milling，然后单击 Next 按钮，进入下一步。

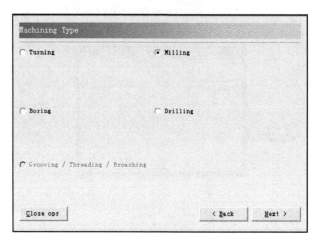

图 6-7　选择加工类型

（5）设定切削参数。图 6-8 为参数设置对话框，可根据自己的需要改变数值的大小，但是后面选择刀具参数时要考虑这些参数，否则很可能出现接触错误。该模拟中选择的参数如图 6-8 所示。

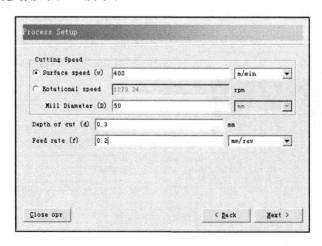

图 6-8　设定切削参数

（6）工作环境和接触面属性设置（图 6-9）。

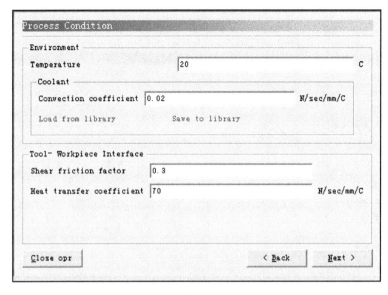

图 6-9　工作环境和接触面属性设置

（7）刀具设置。如图 6-10 所示，单击新建刀具（Define a new tool），在弹出的对话框中选择预先建立好的刀具模型，单击打开按钮，弹出刀具材料设定对话框，选择预先定义好的刀具材料物理参数的 key 文件（图 6-11），单击 Load 按钮加载刀具材料。所选刀具材料将被列在刀具材料设定对话框下方（图 6-12）。一直单击 Next 按钮，直到完成刀具设置。

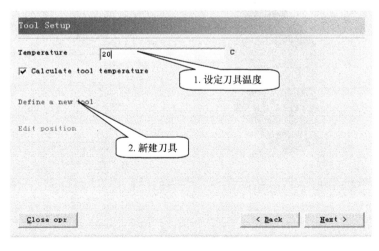

图 6-10　刀具设置

图 6-11　刀具模型选择

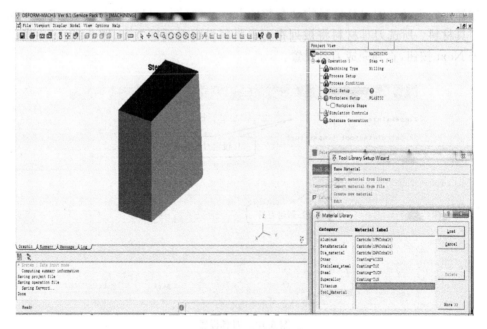

图 6-12　刀具材料的选择

（8）刀具网格划分（图 6-13）。

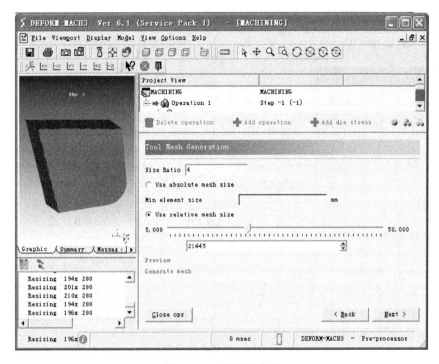

图 6-13　刀具网格划分

（9）进入工件设定（图 6-14）。

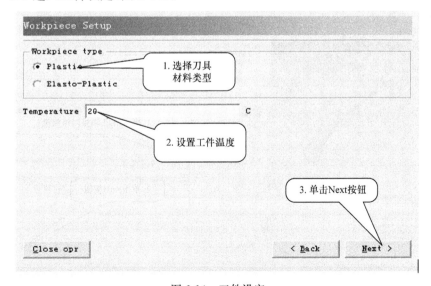

图 6-14　工件设定

（10）工件参数设定（图 6-15）。

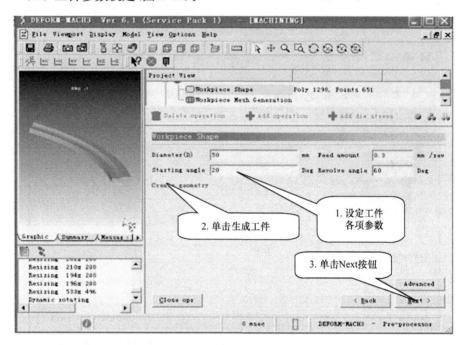

图 6-15　工件参数设定

（11）工件网格划分（图 6-16）。

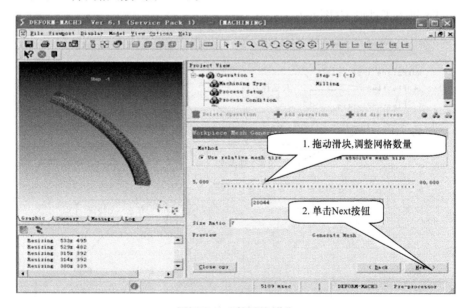

图 6-16　工件网格划分

（12）工件材料设定（图 6-17）。

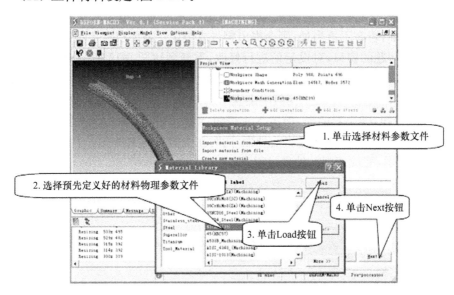

图 6-17　工件材料设定

（13）模拟条件设定。图 6-18 所示对话框是对运算结果数据存储步数、终止、磨损条件的设定，具体参数如下：存储增量为 25 步存储一次，总共计算 5000 步，切削终止角度为 65°。另外，设定刀具参数，以便后处理中查看刀具磨损量，根据经

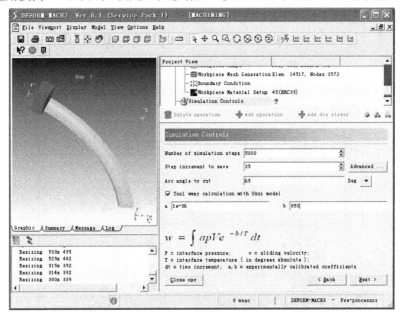

图 6-18　模拟条件设定

验值取 a、b 分别为 0.000001 和 850，单击 Next 按钮，进入下一步。

　　（14）检查设定结果并生成数据库。图 6-19 所示对话框要求检查设定的各项参数是否正确，若有不恰当处，则会提出警告或错误。需要根据提示，单击 Back 按钮回到出现问题的窗口，对设定值进行修改，重新到达图 6-19 所示对话框进行检测，直到出现 Database can be generated。然后单击图 6-19 对话框中的 Generate database 选项，当左下角提示窗口中出现 Done the writing 时表示数据库已生成。单击 Next 按钮，弹出对话框，单击 Yes 按钮，最后单击工具栏上的退出按钮，弹出提示对话框，单击 Yes 按钮退出前处理，同时在主窗口的文件夹下生成 .DB 文件，如图 6-20 所示，完成切削前处理过程。

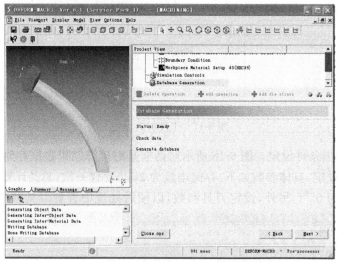

图 6-19　检查设定结果、生成数据文件

图 6-20　前处理完成

（15）切削模拟运行过程。完成切削模型前处理过程后，单击文件目录菜单下的.DB 文件，在 DEFORM 主窗口中单击工具栏上的运行按钮，也可以单击 DEFORM 主窗口右侧 Simulator 栏下的 Run 选项，出现提示对话框，单击 OK 按钮，出现如图 6-21 所示的模拟运行界面。

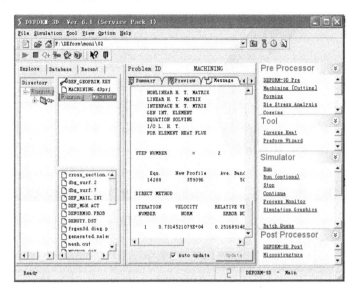

图 6-21　切削模拟运行界面

Running 表示正在运行，Message 和 Log 标签可以查看运行过程中每一步时间起止、节点、接触等情况。运行是以 Step 的形式保存数据的，其数据存储到生成的.DB 文件中。

运算过程中可以单击主窗口右侧 Simulator 栏下的 Simulation Graphics 选项观看模拟过程及其效果，如图 6-22 所示。

如果模拟效果不好或者有其他原因需要停止模拟过程，可以通过主窗口右侧 Simulator 栏下的 Process Monitor 选项监控运行过程（图 6-23），Abort 表示把该步运算完成后停止，Abort Immediately 表示立即停止运行，停止后如图 6-22 所示。

正常运行结束后可以打开后处理分析结果。

设置后处理的分析步，对模拟设定进行检查，最后进行后处理。DEFORM 提供了强大的后处理功能，通过 GUI 方式用户可方便地得到切削加工过程中的各种输出结果，如图 6-24 所示。

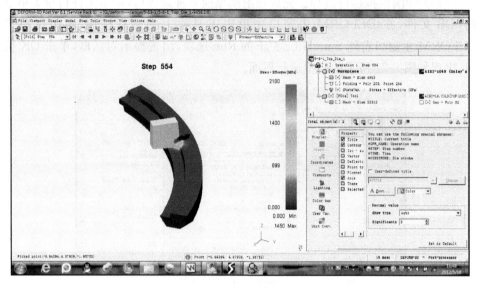

图 6-22　切削模拟过程

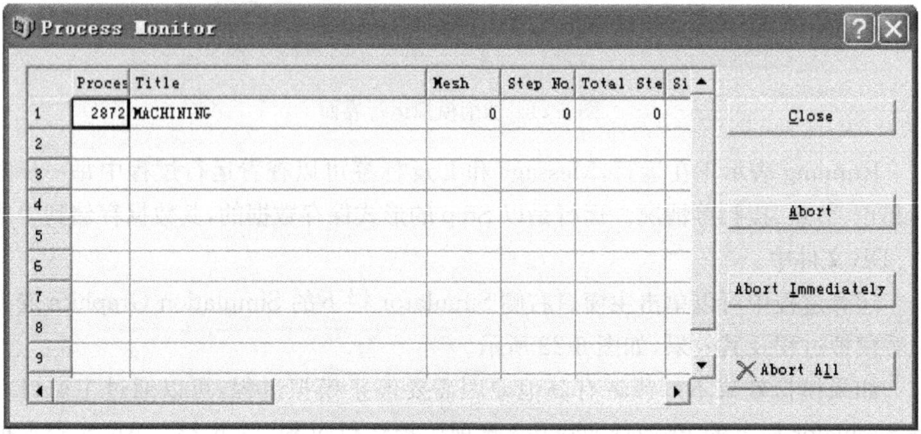

图 6-23　模拟过程监控

　　切削时,每个刀齿围绕铣刀轴心回转。因此,进行正交切削加工的模拟研究,正是基于上述特点和理论,同时结合现有的计算机配置、分析软件的局限性建立了与 DEFORM 相符的切削模拟仿真模型。但是,端面铣削加工过程中,要非常合理地运用软件模拟,在现阶段还存在一些困难。DEFORM 是一个通用的大型分析软件,在模拟三维铣削加工过程时,存在以下缺点:①DEFORM 的通用性,使得铣

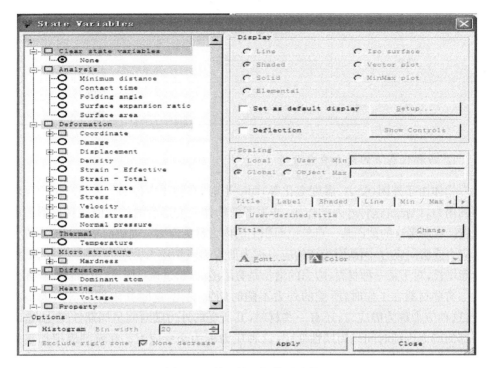

图 6-24　铣刀的几何模型后处理

削过程的特殊性无法得到全面体现;②反映真实加工的三维铣削模型,通过合理选用单元格进行网格划分后,单元格太多,现有的计算机配置无法在规定的时间内完成,如果运用增大质量的方法降低运行时间,则随着质量的增大,铣刀的转动惯量增大,在铣削加工过程中铣刀非常不稳定;③如果在高速切削的情况下进行模拟仿真,工件的单元格则会发生过分扭曲。

这种模拟还有以下优点:①加工模型简化后便于计算,现有的计算机配置可以完成计算工作;②刀具的相关参数和铣削加工的切削用量便于在软件中直接设定;③工件材料可以直接从 DEFORM-3D 材料库中调用;④DEFORM-3D 可以根据设定条件合理定位刀具和工件的装夹关系。

6.2.2　三维铣削仿真结果分析

用有限元法分析铣削加工过程,可以得到切削过程中的切削力、切削温度、刀具应力、刀具变形量、切屑的形成等参数,有助于对比分析相同的刀具在不同切削参数下的影响和结果。切削仿真条件如表 6-3 所示。

表6-3　切削仿真条件

主轴转速/(r/min)	进给量/(mm/r)	参数
2000	0.5	参数1
	0.1	参数2
600	0.5	参数3
	0.1	参数4

1. 四种状态下的应力应变分析

物体由于外因(受力、温度变化等)而变形时,在物体内各部分之间产生相互作用的内力,以抵抗这种外因的作用,并力图使物体从变形后的位置回复到变形前的位置。在所考察的截面某一点单位面积上的内力称为应力。同截面垂直的应力称为正应力或法向应力,同截面相切的应力称为剪应力或切应力。应力会随着外力的增加而增长,对于某一种材料,应力的增长是有限度的,超过这一限度,材料就要破坏。

有些材料在工作时,所受的外力不随时间而变化,这时其内部的应力大小不变,这种应力称为静应力;还有一些材料,其所受的外力随时间呈周期性变化,这时内部的应力也随时间呈周期性变化,这种应力称为交变应力。在铣削模拟加工过程中,其应力就属于交变应力。材料在交变应力作用下发生的破坏称为疲劳破坏。通常材料承受的交变应力远小于其静载下的强度极限时,破坏就可能发生。另外,材料会由于截面尺寸改变而引起应力的局部增大,这种现象称为应力集中。

物体受力产生变形时,体内各点处变形程度一般并不相同。用以描述一点处变形程度的力学量是该点的应变。因此,可以在该点处设定一单元体,比较变形前后单元体大小和形状的变化。

在直角坐标系中,所取单元体为正六面体时,三条相互垂直的棱边的长度在变形前后的改变量与原长之比,定义为线应变,用 ε 表示。一点在 x、y、z 方向的线应变分别为 ε_x、ε_y、ε_z,线应变以伸长为正,缩短为负。单元体的两条相互垂直的棱边,在变形后的直角改变量定义为角应变或切应变。当一点的应变分量已知时,在该点处任意方向的线应变,以及通过该点任意两线段间的直角改变量,都可根据应变分量的坐标变换公式求出。该点的应变状态也就确定。

由前可知,工件的应力、应变主要取决于材料本身,当材料一定,而且在铣削加工过程中切屑单位面积相同时,其局部的应力、应变变化不大。金属切削过程中存在三个变形区:切屑开始形成的第一变形区、刀具前刀面与切屑产生摩擦的第二变形区、刀具后刀面与工件新形成表面接触的第三变形区。因为刀具锋利,所以第三变形区被忽略。这是由于刀具是切削的主体,而第一变形区则是由金属材料的塑性变形导致的。第一变形区的剪切面与切削速度之间的夹角为剪切角,剪切角的大小直接影响加工过程中能量的消耗量。剪切角越大意味着应变越低,加工过程中消耗的能量越少。图 6-25 是表 6-3 中参数 1 铣削状态下刀具的等效应力、最大主应力和工件的等效应力、应变图。

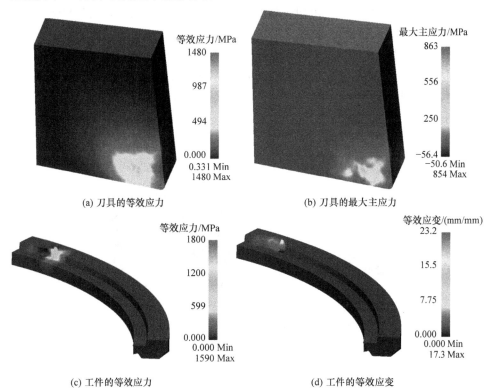

(a) 刀具的等效应力　　　　　　　　　　　(b) 刀具的最大主应力

(c) 工件的等效应力　　　　　　　　　　　(d) 工件的等效应变

图 6-25　参数 1 时刀具的等效应力、最大主应力和工件的等效应力、应变图

表 6-4 为四个参数下刀具的等效应力、最大主应力和工件的等效应力、应变表。

表 6-4　四个参数下刀具的等效应力、最大主应力和工件的等效应力、应变表

铣削参数	刀具		工件	
	等效应力/MPa	最大主应力/MPa	等效应力/MPa	等效应变
1	1480	854	1590	17.3
2	567	471	1600	15.1
3	798	523	1520	14.0
4	811	443	1680	15.8

2. 四种状态下的温度分析

切削热是金属切削过程中产生的重要物理现象之一,由此产生的切削温度直

接影响刀具的磨损和耐用度,也影响工件的加工精度(工件变形)和已加工表面质量(加工硬化、工件烧伤)等。在切削过程中切削热主要来自于三个区域:①剪切面热源区,热量由克服金属塑性变形所做的变形功产生,该区域的热量传递给切屑和工件;②前刀面热源区,热量由切屑与前刀面的摩擦功产生,该区域的热量传递给切屑和刀具;③刀面热源区,热量由后刀面与工件摩擦所做的摩擦功产生,热量传递给刀具和工件。从这三个热源出发,热量传递给切屑、刀具和工件,其中热量传入切屑中的百分比随着切削速度的提高而提高,传入工件和刀具的百分比则下降。实际上,在非常高的切削速度下,绝大部分能量被切屑带走,少量传入工件,传入刀具的则更少。

　　图 6-26 和图 6-27 是表 6-3 中参数 1 和参数 2 铣削状态下工件、刀具的铣削温度。

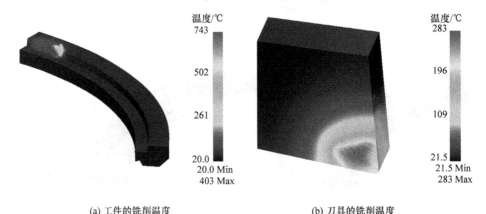

(a) 工件的铣削温度　　　　　　　　　(b) 刀具的铣削温度

图 6-26　参数 1 时工件、刀具的铣削温度

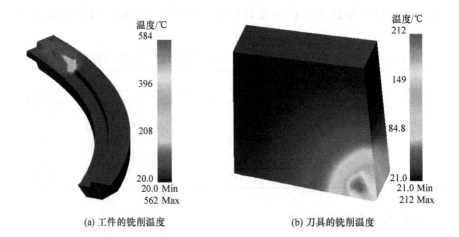

(a) 工件的铣削温度　　　　　　　　　(b) 刀具的铣削温度

图 6-27　参数 2 时工件、刀具的铣削温度

表 6-5 为四个参数下工件和刀具的温度分析表,当其他铣削加工条件不变时,降低铣削速度,铣削温度会降低。

表 6-5　工件和刀具的温度分析表

铣削参数	工件温度/℃	刀具温度/℃
1	403	283
2	562	212
3	290	95.4
4	286	73.3

3. 铣削力分析

切削过程中的切削力包括两部分:一部分是切削力的静态分量,也就是切削力平均值,它是切削变形必需的力;另一部分是切削力的动态分量,表现为围绕切削力平均值的上下波动。图 6-28 是由铣削仿真模拟直接导出的参数 2 和参数 4 下的铣削力。

从图 6-28 可以明显看出,铣削力围绕一个基准值上下波动,这个基准值就是切削力平均值,也就是切削力的静态分量,而波动的部分则是切削力的动态分量。切削力动态分量信号由不同频率的成分随机混合而组成,其随时间变化的轨迹都是分形曲线。对于随机信号,可以用频谱法进行分形特征分析。

按照频谱法作 $\lg S(f)$-$\lg f$ 双对数坐标图,并用最小二乘法拟合功率谱斜率 β,如图 6-29 所示。

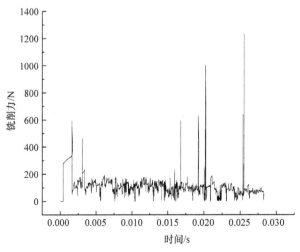

(a) 参数2时铣削力随时间的变化

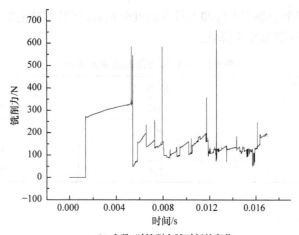

(b) 参数4时铣削力随时间的变化

图 6-28　两种参数的铣削力随时间的变化

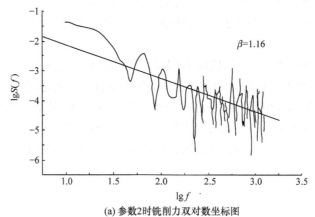

(a) 参数2时铣削力双对数坐标图

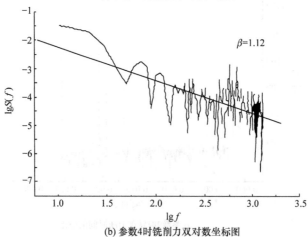

(b) 参数4时铣削力双对数坐标图

图 6-29　铣削力的双对数坐标分形结构图

图 6-30 表明,铣削速度对分形维数的影响比较显著,当铣削速度较大时,分形维数较小,说明此时的铣削力动态分量信号的随机性较小,相关性较大,切削状态较平稳。

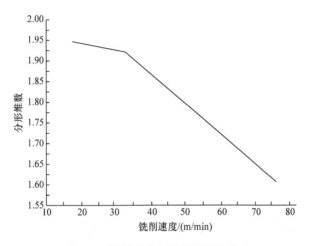

图 6-30　铣削速度与分形维数的关系

随着铣削过程中刀具磨损的加剧,铣削力的动态分量和静态分量两部分的力都将发生变化。铣削力动态分量信号分形维数和刀具磨损量随铣削时间的变化曲线如图 6-31 所示。

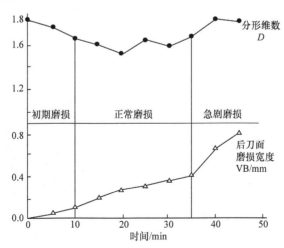

图 6-31　铣削力动态分量信号分形维数和刀具磨损量随铣削时间的变化曲线

由此可以看出,在刀具的初期磨损和急剧磨损阶段,切削状态极不稳定,切削力信号局部起伏过大,而在正常磨损阶段,切削过程相对平稳,信号起伏小,分形维数也较小。

6.3　铣削实验与结果分析

6.3.1　铣削实验

实验条件：工件材料为 45 号钢，刀具选用的是 $\phi6\text{mm}$ 的非涂层铣刀，机床由华中数控生产，切削方式为干切削。铣削参数如图 6-6 所示，实验环境如图 6-32 所示。

表 6-6　铣削参数

铣削速度/(r/min)	进给量/(mm/r)	背吃刀量/mm	编号
1000	0.5	0.4	Ⅰ
1400	0.5	0.4	Ⅱ

(a) 铣削加工图片

(b) 铣削加工放大图片

图 6-32　实验环境

测量方法：用振动传感器对铣削过程中的振动信号进行采集，并用 LabVIEW 处理振动信号，得到的信号如图 6-33 所示。

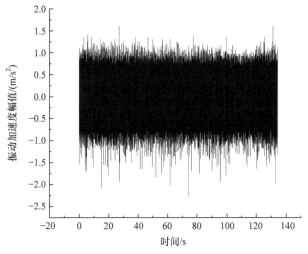

(a) 参数2时铣削的振动加速度幅值

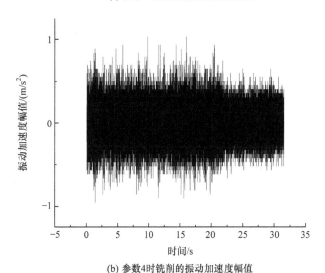

(b) 参数4时铣削的振动加速度幅值

图 6-33　铣削振动的时间序列波形图

6.3.2　实验结果分析

将实验数据进行整理，从图 6-33 所示铣削振动时间序列波形图可以看出，铣削加工存在显著的自仿射性，即具有分形特征，运用关联维数的方法对所采集的振动时序信号进行分形表征，计算中时间延时 $\tau=2\text{ms}$；在嵌入维数 m 从 3 到 24 的变化中,当双对数曲线趋于平行时,此时的分形维数便是振动信号的分形维数。图 6-34 为振动信号的表征结果。

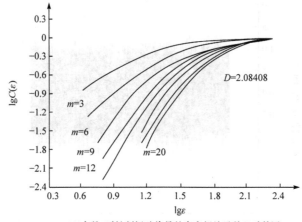

(a) 参数2时铣削振动信号的密度相关函数双对数图

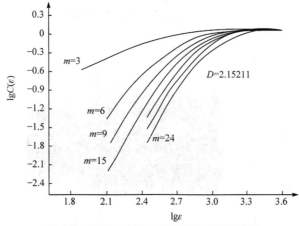

(b) 参数4时铣削振动信号的密度相关函数双对数图

图 6-34　振动信号的密度相关函数双对数图

由图 6-34 可知,在背吃刀量、进给量不变的情况下,随着铣削速度提高,表面质量也提高,摩擦力降低,摩擦振动信号也降低,分形维数降低。

实验结果表明,铣削速度对分形维数的影响较显著,当铣削速度较大时,分形维数较小,说明此时的铣削力动态分量信号的随机性较小,相关性较大,铣削状态较平稳。

　　分形维数可以作为衡量铣削力动态分量随机性和铣削状态平稳性的一个量度指标。但是铣削速度与分形维数的线性关系不明显,这是因为铣削力动态分量信号来源有两类:与机床、刀具、夹具等组成的加工系统有关的动态部分,以及铣削过程中材料变形产生的部分。这两部分信号互相影响,导致高速铣削中加工系统的振动特性与受力状态关系复杂,而不能用线性关系表示铣削速度与分形维数之间的变化。

参 考 文 献

艾兴. 2003. 高速切削加工技术. 北京:国防工业出版社.

陈日曜. 2005. 金属切削原理. 北京:机械工业出版社.

邓建新. 2010. 自润滑刀具及其切削加工. 北京:科学出版社.

邓建新,赵军. 2005. 数控刀具材料选用手册. 北京:机械工业出版社.

葛世荣,朱华. 2005. 摩擦学的分形. 北京:机械工业出版社.

李彬. 2010. 原位反应自润滑陶瓷刀具的设计开发及其减摩机理研究. 济南:山东大学博士学位论文.

李彬. 2013. 先进制造与工程仿真技术. 北京:北京大学出版社.

李彬,王红. 2012. 基于元胞自动机的陶瓷复合材料的设计与制备. 功能材料,43(24):3425-3428.

李彬,金育蓉,任小中. 2013. 分形理论在车削加工中的应用. 煤矿机械,34(7):137-139.

李彬,李方方,杨海军,等. 2014. 基于扩展有限元的复合陶瓷材料多重增韧机制. 复合材料学报,31(3):669-675.

刘志峰,张崇高,任家隆. 2005. 干切削加工技术及应用. 北京:机械工业出版社.

谢和平. 1997. 分形应用中的数学基础与方法. 北京:科学出版社.

Adam K M, Senthil K A. 2011. Machinability of glass fibre reinforced plastic (GFRP) composite using alumina-based ceramic cutting tools. Journal of Manufacturing Processes,13(1):67-73.

Aliprandi A, Mauro M, De C L. 2016. Controlling and imaging biomimetic self-assembly. Nature Chemistry,8(1):10-15.

Aramesh M, Attia M H, Kishawy H A, et al. 2016. Estimating the remaining useful tool life of worn tools under different cutting parameters:A survival life analysis during turning of titanium metal matrix composites (Ti-MMCs). CIRP Journal of Manufacturing Science and Technology,12:35-43.

Atkins T. 2015. Prediction of sticking and sliding lengths on the rake faces of tools using cutting forces. International Journal of Mechanical Sciences,91:33-45.

Basnyat P, Luster B, Kertzman Z, et al. 2007. Mechanical and tribological properties of CrAlN-Ag self-lubricating films. Surface and Coatings Technology,202(4-7):1011-1016.

Becker D. 2013. Wear of nanostructured composite tool coatings. Wear,304(1-2):88-95.

Chen X H, Wang D W. 2011. Fractal and spectral analysis of aggregate surface profile in polishing process. Wear,271(11-12):2746-2750.

Chettri P, Vendamani V S, Tripathi A, et al. 2016. Self assembly of functionalised graphene nanostructures by one step reduction of graphene oxide using aqueous extract of Artemisia vulgaris. Applied Surface Science,362:221-229.

Choudhury S K, Kishore K K. 2000. Tool wear measurement in turning using force ratio. International Journal of Machine Tools and Manufacture, 40(6): 899-909.

Coelho R T, Ng E G, Elbestawi M A. 2007. Tool wear when turning hardened AISI 4340 with coated PCBN tools using finishing cutting conditions. International Journal of Machine Tools and Manufacture, 47(2): 263-272.

Cristofaroab S D, Feriti G C, Rostagno M, et al. 2012. High-speed micro-milling: Novel coatings for tool wear reduction. International Journal of Machine Tools and Manufacture, 63: 16-20.

da Silva R B, Machado Á R, Ezugwu E O, et al. 2013. Tool life and wear mechanisms in high speed machining of Ti-6Al-4V alloy with PCD tools under various coolant pressures. Journal of Materials Processing Technology, 213(8): 1459-1464.

Deng J X, Li Y S, Zhang H. 2011a. Adhesion wear on tool take and flank faces in dry cutting of Ti-6Al-4V. Chinese Journal of Mechanical Engineering, 24(6): 1089-1094.

Deng J X, Zhou J T, Zhang H, et al. 2011b. Wear mechanisms of cemented carbide tools in dry cutting of precipitation hardening semi-austenitic stainless steels. Wear, 270(7-8): 520-527.

Deng J X, Lian Y S, Wu Z, et al. 2013. Performance of femtosecond laser-textured cutting tools deposited with WS_2 solid lubricant coatings. Surface and Coatings Technology, 222: 135-143.

El-Sonbaty I A, Khashaba U A, Selmy A I, et al. 2008. Prediction of surface roughness profiles for milled surfaces using an artificial neural network and fractal geometry approach. Journal of Materials Processing Technology, 200(1-3): 271-278.

Fatima A, Mativenga P T. 2015. A comparative study on cutting performance of rake-flank face structured cutting tool in orthogonal cutting of AISI/SAE 4140. International Journal of Advanced Manufacturing Technology, 78(9-12): 2097-2106.

Feito N, Diaz-Álvarez J, López-Puente J, et al. 2016. Numerical analysis of the influence of tool wear and special cutting geometry when drilling woven CFRPs. Composite Structures, 138: 285-294.

Gentili D, Barbalinardo M, Manet I, et al. 2015. Additive, modular functionalization of reactive self-assembled monolayers: Toward the fabrication of multilevel optical storage media. Nanoscale, 7(16): 7184-7188.

Ginting A, Nouari M. 2007. Optimal cutting conditions when dry end milling the aeroengine material Ti-6242S. Journal of Materials Processing Technology, 184(1-3): 319-324.

Grzybowski B A, Wilmer C E, Kim J, et al. 2009. Self-assembly: From crystals to cells. Soft Matter, 5(6): 1110-1128.

Gusain R, Kokufu S, Bakshi P S, et al. 2016. Self-assembled thin film of imidazolium ionic liquid on a silicon surface: Low friction and remarkable wear-resistivity. Applied Surface Science, 364: 878-885.

Jantunen E, Vaajoensuu E. 2010. Self adaptive diagnosis of tool wear with a microcontroller. Journal of Intelligent Manufacturing, 21(2): 223-230.

Kang M C, Kim J S, Kim K H. 2005. Fractal dimension analysis of machined surface depending on coated tool wear. Surface and Coatings Technology,193(1-3):259-265.

Khan S A,Soo S L,Aspinwall D K,et al. 2012. Tool wear/life evaluation when finish turning Inconel 718 using PCBN tooling. Procedia CIRP,1:283-288.

Kümmel J,Gibmeier J,Müller E. 2014. Detailed analysis of microstructure of intentionally formed built-up edges for improving wear behaviour in dry metal cutting process of steel. Wear,311(1-2):21-30.

Larsson A,Ruppi S. 2002. Microstructure and properties of Ti(C,N) coatings produced by moderate temperature chemical vapour deposition. Thin Solid Films,402(1-2):203-210.

Li B. 2011. Chip morphology of normalized steel when machining in different atmospheres with ceramic composite tool. International Journal of Refractory Metals and Hard Materials,29(3): 384-391.

Li B. 2012. A review of tool wear estimation using theoretical analysis and numerical simulation technologies. International Journal of Refractory Metals and Hard Materials,35:143-151.

Li B. 2014a. An experimental investigation of dry cutting performance for machining gray cast iron with carbide coating tool. International Journal of Advanced Manufacturing Technology, 71(5):1093-1098.

Li B. 2014b. Effect of ZrB_2 and SiC addition on TiB_2-based ceramic composites prepared by spark plasma sintering. International Journal of Refractory Metals and Hard Materials,46:84-89.

Li B. 2014c. Numerical and experimental analysis of crack propagation behaviour for ceramic materials. Materials Research Innovations,18(6):418-429.

Li B. 2014d. On the use of fractal methods for the tool flank wear characterization. International Journal of Refractory Metals and Hard Materials,42:221-227.

Li B. 2016. 3D FEM modelling for stress simulation and experimental investigation of dual-gradient coating using PVD. International Journal of Materials Research,107(4):300-308.

Li B,Wang H. 2013. Prediction and analysis of microstructural effects on fabrication of ZrB_2/ (Ti,W)C composites. International Journal of Refractory Metals and Hard Materials,36:167- 173.

Li B,Deng J X,Li Y S. 2009. Oxidation behavior and mechanical properties degradation of hot-pressed Al_2O_3/ZrB_2/ZrO_2 ceramic composites. International Journal of Refractory Metals and Hard Materials,27(4):747-753.

Li B,Deng J X,Wu Z. 2010. Effect of cutting atmosphere on dry machining performance with Al_2O_3/ZrB_2/ZrO_2 ceramic tool. The International Journal of Advanced Manufacturing Technology, 49(5):459-467.

Li B,Wang H,Deng J X,et al. 2011. Antifriction characteristics of quasi-nano alumina reinforced with Zr-O-B compounds against cemented carbides. International Journal of Refractory Metals and Hard Materials,29(2):177-183.

Li B,Wang Y,Li H,et al. 2015. Modelling and numerical simulation of cutting stress in end milling of titanium alloy using carbide coated tool. International Journal of Engineering Transactions A: Basics, 28(7): 1090-1098.

Li B, Li Q, Hirokazu K, et al. 2016. Effect of the vacuum degree on the orientation and the microstructure of β-SiC films prepared by laser chemical vapour deposition. Materials Letters, 182: 81-84.

Li B, Li H, Liu J S, et al. 2017. An experimental and numerical investigation of temperature distribution on the ceramic cutting tool. International Journal of Advanced Manufacturing Technology, 92(9-12): 4221-4230.

Liao J, Zhang J, Feng P, et al. 2017. Identification of contact stiffness of shrink-fit tool-holder joint based on fractal theory. International Journal of Advanced Manufacturing Technology, 90 (5-8): 2173-2184.

Liou J L, Tsai C M, Lin J F. 2010. A microcontact model developed for sphere- and cylinder-based fractal bodies in contact with a rigid flat surface. Wear, 268(3-4): 431-442.

M'Saoubi R, Johansson M P, Andersson J M. 2013. Wear mechanisms of PVD-coated PCBN cutting tools. Wear, 302(1-2): 1219-1229.

Maranhao C, Davim J P, Jackson M J, et al. 2010. FEM machining analysis: Influence of rake angle in cutting of aluminium alloys using Polycrystalline Diamond cutting tools. International Journal of Materials and Product Technology, 37(1-2): 199-213.

Mattevi C, Kim H, Chhowalla M. 2011. A review of chemical vapour deposition of graphene on copper. Journal of Materials Chemistry, 21(10): 3324-3334.

Mousseigne M, Landon Y, Seguy S, et al. 2013. Predicting the dynamic behaviour of torus milling tools when climb milling using the stability lobes theory. International Journal of Machine Tools and Manufacture, 65: 47-57.

Novoselov K S, Geim A K, Morozov S V, et al. 2004. Electric field effect in atomically thin carbon films. Science, 306(5696): 666-669.

Ozel T, Altan T. 2000. Process simulation using finite element method-prediction of cutting forces, tool stresses and temperatures in high-speed flat end milling. International Journal of Machine Tools and Manufacture, 40: 713-738.

Philip S D, Chandramohan P, Mohanraj M. 2014. Optimization of surface roughness, cutting force and tool wear of nitrogen alloyed duplex stainless steel in a dry turning process using Taguchi method. Measurement, 49(11): 205-215.

Prasad C, Ramana S V, Pavani P L, et al. 2013. Experimental investigations for the prediction of wear zones on the rake face of tungsten carbide inserts under dry machining conditions. Procedia CIRP, 8: 528-533.

Pu C L, Zhu G, Yang S B, et al. 2016. Effect of dynamic recrystallization at tool-chip interface on accelerating tool wear during high-speed cutting of AISI 1045 steel. International Journal of Machine Tools and Manufacture, 100: 72-80.

Pálmai Z. 2013. Proposal for a new theoretical model of the cutting tool's flank wear. Wear, 303

(1-2):437-445.

Rao C J,Rao D N,Srihari P. 2013. Influence of cutting parameters on cutting force and surface finish in turning operation. Procedia Engineering,64:1405-1415.

Rech J,Claudin C,D'Eramo E. 2009. Identification of a friction model—Application to the context of dry cutting of an AISI 1045 annealed steel with a TiN-coated carbide tool. Tribology International,42(5):738-744.

Richardson D J,Keavey M A,Dailami F. 2006. Modelling of cutting induced workpiece temperatures for dry milling. International Journal of Machine Tools and Manufacture,46(10):1139-1145.

Salmeron M. 2001. Generation of defects in model lubricant monolayers and their contribution to energy dissipation in friction. Tribology Letters,10(1-2):69-79.

Shen Y X,Saboe P O,Sines I T,et al. 2014. Biomimetic membranes:A review. Journal of Membrane Science,454:359-381.

Song P,Sangeeth C S,Thompson D,et al. 2016. Molecular electronics:Noncovalent self-assembled monolayers on graphene as a highly stable platform for molecular tunnel junctions. Advanced Materials,28(4):784.

Sumitomo T,Aizawa T,Yamamoto S. 2005. In-situ formation of self-lubricating tribo-films for dry machinability. Surface and Coatings Technology,200(5-6):1797-1803.

Vinogradov A. 2011. On chip formation in cutting metallic materials using tools with a large negative rake. Journal of Superhard Materials,33(4):255-260.

Wackerow S,Abdolvand A. 2014. Generation of silver nanoparticles with controlled size and spatial distribution by pulsed laser irradiation of silver ion-doped glass. Optics Express,22(5):5076-5085.

Wakabayashi T,Suda S,Inasaki I,et al. 2007. Tribological action and cutting performance of MQL media in machining of aluminum. CIRP Annals—Manufacturing Technology,56(1):97-100.

Wang H B,Maiyalagan T,Wang X. 2012. Review on recent progress in nitrogen-doped graphene:Synthesis,characterization,and its potential applications. ACS Catalysis,2(5):781-794.

Xie J,Luo M J,He J L,et al. 2012. Micro-grinding of micro-groove array on tool rake surface for dry cutting of titanium alloy. International Journal of Precision Engineering and Manufacturing,13(10):1845-1852.

Yang X,Liu C R. 2002. A new stress-based model of friction behavior in machining and its significant impact on residual stresses computed by finite element method. International Journal of Mechanical Sciences,44(4):703-723.

Yin X,Komvopoulos K. 2010. An adhesive wear model of fractal surfaces in normal contact. International Journal of Solids and Structures,47(7-8):912-921.

Zareena A R,Veldhuis S C. 2012. Tool wear mechanisms and tool life enhancement in ultra-precision machining of titanium. Journal of Materials Processing Technology,212(3):560-570.

Zenasni O, Jamison A C, Lee T R. 2013. The impact of fluorination on the structure and properties of self-assembled monolayer films. Soft Matter, 9(28): 6356-6370.

Zhang B, Bagchi A. 1994. Finite element simulation of chip formation and comparison with machining experiment. Journal of Engineering for Industry, 116(3): 289-297.

Zhang S, Li J F, Wang Y W. 2012. Tool life and cutting forces in end milling Inconel 718 under dry and minimum quantity cooling lubrication cutting conditions. Journal of Cleaner Production, 32(3): 81-87.

Zhang Y, Zhang L Y, Zhou C W. 2013. Review of chemical vapor deposition of graphene and related applications. Accounts of Chemical Research, 46(10): 2329-2339.